U0285179

孕产妇
就要这样吃

甘智荣 主编

江苏凤凰科学技术出版社

图书在版编目（CIP）数据

孕产妇就要这样吃 / 甘智荣主编 . — 南京 : 江苏
凤凰科学技术出版社 , 2015.10（2019.11 重印）

（食在好吃系列）

ISBN 978-7-5537-4320-2

Ⅰ . ①孕… Ⅱ . ①甘… Ⅲ . ①孕妇 – 妇幼保健 – 食谱
②产妇 – 妇幼保健 – 食谱 Ⅳ . ① TS972.164

中国版本图书馆 CIP 数据核字 (2015) 第 065817 号

孕产妇就要这样吃

主　　　编	甘智荣	
责 任 编 辑	樊　明　　葛　昀	
责 任 监 制	方　晨	
出 版 发 行	江苏凤凰科学技术出版社	
出版社地址	南京市湖南路 1 号 A 楼，邮编：210009	
出版社网址	http://www.pspress.cn	
印　　　刷	天津旭丰源印刷有限公司	
开　　　本	718mm×1000mm　1/16	
印　　　张	10	
插　　　页	4	
版　　　次	2015年10月第1版	
印　　　次	2019年11月第2次印刷	
标 准 书 号	ISBN 978-7-5537-4320-2	
定　　　价	29.80元	

图书如有印装质量问题，可随时向我社出版科调换。

前言 Preface

　　女性在生命的不同阶段会担任不同的角色和任务，其中怀孕、分娩到哺乳这段时期尤为重要。因为在这段时期，女性在生理上发生了较大的变化，其体质特点也与平时不太一样，饮食营养就更要多加注意。

　　在怀孕期，胎儿的成长与母体的营养息息相关，也由于胎儿大脑的发育在母体中具有不可逆性，所以作为母体的孕妈妈一定要注意饮食。而在产褥期，由于产前孕妈妈一直负担着胎儿所需的各种营养，产后母体的整个身体系统都会发生变化，故在此期间，产妈妈一定要合理饮食，注意调理，因为这关系其一生的身体健康。在宝宝顺利出生后，处于婴儿时期的宝宝营养主要来自于母乳，所以哺乳期妈妈的健康水平与营养状况直接决定着婴儿的生长发育状况。

　　那么，对于准妈妈来说，"怎么吃"这个问题就很重要。吃得营养，吃得健康，不仅会调理好准妈妈的身体，而且对母体和宝宝一生的健康都有很大的影响。本书针对这个问题，分为3章，按准妈妈的怀孕期、月子期以及哺乳期3个阶段，推荐了300多道最适合孕产妇食用的菜肴。并根据准妈妈从怀孕、分娩到哺乳中的每一个阶段的特点，相应列举了本阶段适宜孕产妇的营养食谱，每一道食谱都详细介绍了制作材料和制作过程，而且对其中一些食谱列举了关于食材的小贴士，可以帮助读者更好地了解这道食谱的营养与功效，再配上精美、清晰的图片，让即使是烹调知识并不丰富的人也能成功制作出一道道营养又美味的菜肴，从而确保孕产妇的身体健康，孕育出健康、聪明的宝宝。

　　此外，本书还阐述了孕产妇必须了解的常识，包括孕后为什么会呕吐、如何缓解孕吐、孕吐期间该如何注意饮食、应适当多吃哪些水果以及产后饮食指南，让怀孕期、月子期及哺乳期的准妈妈对孕产期的常识能有一个全面的了解，为母婴饮食健康保驾护航。希望本书能对备孕妈妈及准妈妈们有所帮助，愿每一位育龄妈妈都能健康快乐地度过孕产期，并能拥有一个健康、聪明、活泼可爱的宝宝。

目录　Contents

PART 3
哺乳期

孕产妇必须知道的常识

孕后为什么会呕吐

孕吐是早孕反应的一种。妊娠以后，大约从第6周开始（也有更早些开始的）会发生孕吐。特别在早晚会出现恶心、呕吐。

（1）孕吐其实是一种保护行为

妊娠呕吐是生物界保护腹中生命的一种本能。这种本能能够让人提早察觉可能伤害宝宝的各种病菌等物质，例如含有微生物或病原体的食物，以确保这些物质不会进入体内，避免给宝宝带来潜在的危险。

（2）孕吐与体内激素的作用机制有关

怀孕后，女性体内激素就会急剧变化。对胃肠内平滑肌产生刺激，所以就会发生孕吐。大多数专家也认为女性怀孕后体内激素的增加刺激了大脑，从而引起呕吐。

因为激素的激增，怀孕期间孕妈妈对气味的敏感度提高了。比如，有人在隔好几个房间的地方煎香肠，一个怀孕并不久的孕妈妈就能闻到这种气味，并立刻引起恶心反应。这种现象并不少见，这种敏感性也可能是由于雌激素水平升高导致的。

（3）孕吐是在传达一种信息

妊娠呕吐主要是发生在怀孕的前几个月。怀孕前期，胎儿处于初期发展阶段，完全没有能力抵抗外力，因此通过早孕反应向母体传递自己存在的信息，提醒妈妈要保护好自己。某些因素也会增加孕吐的概率，如超重或多胞胎。妊娠的中后期，胎儿会通过胎动来引起孕妈妈的注意。

孕妈妈如何缓解孕吐

怀孕早期有很多孕妈妈都有恶心、呕吐的症状，这是怀孕期间的正常表现。尽管如此，孕吐依然或多或少地会影响到孕妈妈的正常休息和生活，那么，该如何减轻这种不适呢？

（1）吃酸味食物

孕妈妈可以多吃一些酸味食物，因为酸味食物能刺激胃酸分泌，提高消化酶活性，促进胃肠蠕动，增加食欲。

柠檬富含维生素C，有健脾促消化之效，孕妈妈可以自制些苹果柠檬汁，既可缓解孕吐，又可补充维生素和矿物质。孕妈妈还可以在早晨起床后嗅一嗅柠檬，有助于缓解晨吐。但是柠檬较酸，胃酸较多的人和胃溃疡患者不宜食用。

（2）可适当吃富含维生素 B_6 的食物

土豆富含丰富的碳水化合物，同时还含有较多的维生素 B_6，能避免早孕反应的加重。因此怀孕早期的孕妈妈不妨多吃些土豆，既可帮助缓解厌油腻、呕吐的症状，同时土豆也是防治妊娠高血压的保健食物。因此怀孕早期女性不妨多吃些土豆。

（3）养成良好的饮食习惯

怀孕早期的膳食原则以清淡、少油腻、易消化为主。要少食多餐，每2～3个小时进食1次。妊娠恶心、呕吐多在清晨空腹时比较重，为减轻孕吐反应，孕妈妈可以吃些较干的食物，如烤馒头片、面包片、饼干等。每天至少要摄入150克以上的碳水化合物，以避免因饥饿而使血中的酮体蓄积。

孕吐期间该如何注意饮食

孕吐期间，孕妈妈一般都会胃口不佳，严重的甚至是吃什么吐什么，因此需要特别注意饮食，以免造成营养不良。

（1）妊娠呕吐期饮食注意事项

孕妈妈对妊娠反应要保持乐观情绪。调节饮食，保证营养，满足胎儿的营养需要。

进食的嗜好有改变时不必忌讳，适当吃一些偏碱性食物，防止酸中毒。

进食时要细嚼慢咽，每一口食物的份量要少，而且要经过完全咀嚼。

怀孕后短暂的兴奋一过，血糖会直线下降，所以孕妈妈会比以前更加容易倦怠。不要用咖啡、糖果、蛋糕来提神，而应尽量多休息。

要避免任何易引起不适的食物，如辛辣、油腻等食物以及巧克力、酒、碳酸饮料等。

（2）轻度妊娠呕吐饮食纠正

以少食多餐代替三餐，多吃含蛋白质和维生素的食物。

饭前少饮水，饭后足量饮水。也可吃流质、半流质食物。

有些妊娠呕吐期的孕妈妈喜欢吃凉食，但有观点认为孕妇吃凉食对胎儿发育有害，其实这样的说法并没有依据，孕妈妈可以适当食用一些凉食，但一定要适量，切不可贪凉。

孕妈妈适当多吃哪些水果有利健康

对于准妈妈而言，饮食的重要性是不言而喻的，所以不少准妈妈都很关心孕期的饮食，想知道到底有哪些需要注意的，什么能吃，什么不能吃。水果是准妈妈在孕期必不可少的食物，那么哪些水果对健康最有利呢？一起来看看吧。

（1）苹果

苹果富含多种维生素、矿物质、苹果酸、鞣酸和细纤维等，对胎儿发育很有帮助。苹果对肠胃功能具有调节作用，能改善便秘或腹泻。苹果兼具美容效果，若孕妈妈贫血、气色不好，多吃苹果也有助于改善症状。苹果富含锌元素，可促进改善记忆力，提高人体免疫力。此外，苹果的另一重要功效就是可以缓解孕吐，对怀孕早期食欲差、恶心等都有不错的缓解效果。

（2）樱桃

樱桃所含的铁质特别丰富，几乎是苹果、橘子的 20 倍。它所含的胡萝卜素是葡萄、苹果、橘子的 4 倍，同时还含有维生素 B_1、维生素 B_2、维生素 C、柠檬酸、钙、磷等营养成分，多食可补血及帮助调理肠胃功能。孕妈妈若食欲不佳，可多吃樱桃，且对胎儿有益。

（3）草莓

草莓含有极丰富的维生素 C，可预防感冒。而其中所含果胶和有机酸可分解食物中的脂肪、促进食欲及加强肠胃蠕动。研究表明，草莓可清除体内的重金属。但要注意的是，草莓清洗比较麻烦，一定要彻底洗净。

（4）葡萄

葡萄富含铁、磷、钙、有机酸、卵磷脂、胡萝卜素及维生素 B_1、维生素 C 等，孕妈妈气血不佳、血压偏低、体内循环不佳、冬天手脚易冰冷，吃葡萄可改善这些情况。葡萄还有安胎作用，而且有助于胎儿发育。但应注意控制用量，有妊娠糖尿病的孕妈妈应禁食葡萄。

（5）梨

梨性凉，味甘、微酸，有清热利尿、清心润肺、镇咳祛痰、止渴生津的作用，可治疗妊娠水肿及妊娠高血压。它还具有镇静安神、养心保肝、消炎镇痛等功效，有防治肺部感染及肝炎的作用。常吃炖熟的梨，能增加口中津液，防止口干唇燥，不仅可以保护喉咙，也是肺炎、支气管炎及肝炎的食疗佳品。将生梨去核后塞入冰糖 10 克、贝母 5 克、水适量，小火炖熟，服汤吃梨，可以帮助孕妈妈预防温热感冒引起的咳嗽多痰等症状。

（6）柑橘

柑橘品种繁多，有橙、橘等。其果汁中富含柠檬酸、脂肪、多种维生素、氨基酸、钙、磷、铁等营养成分，是大多数孕妈妈喜欢吃的食品。500 克柑橘中含有 250 毫克维生素 C、2.7 毫克维生素 A，维生素 B_1 的含量居水果之冠。柑橘中所含的矿物质以钙为最高，磷的含量超过大米。但是柑橘虽然好吃，却不可多食。因为柑橘性温味甘，补阳益气，过量食用反对身体不利。孕妈妈每天吃柑橘不得超过 3 个，总重量应在 250 克以内。

孕妈妈产后饮食指南

要满足产妇对营养的需求，饮食方法是很重要的，不但要注意吃什么，而且要注意怎么吃。一般来说，应注意以下几点。

（1）增加餐次

每日可进食5次左右，即3餐之外有两三次加餐。

（2）干稀搭配

每餐食物既有干也有稀，做到干稀搭配。主食应该粗细粮搭配，要有充足的优质蛋白质，每天摄入的蛋白质应保证有1/3以上来自动物性食品和豆类食品。

（3）荤素搭配

产妇的饮食种类要齐全、不偏食。偏食肉类食物或过食荤食，不仅不利于消化，反而会导致其他营养素不足，荤素搭配有利于蛋白质互补、促进食欲，还可防止疾病发生。同时要注意摄入足够的新鲜绿叶蔬菜和水果。

（4）清淡适宜

产妇饮食应清淡适宜，即在调料上（如辣椒粉、蒜、葱、姜、花椒、料酒等）应少于一般人的量。少吃盐和盐渍食品、刺激性食品（如某些香辛料）。

（5）补充钙质

多食含钙丰富的食物，如乳制品（酸奶为佳，如果是牛奶，最好是鲜牛奶，因其含钙量最高，并且易被人体吸收利用）。小鱼、小虾含钙丰富，可以连骨带壳食用。深绿色蔬菜、豆类也可提供优质的钙。

（6）宜温不宜凉

中医认为，产后食物宜温不宜凉，温能促进血液循环，寒则凝固血液。因此，要忌生冷食物，可以不吃或少吃凉拌菜、冷菜及冷食、冷饮，如西瓜、冰棒、冰淇淋等。新鲜水果有促进食欲、助消化与通便的作用，可以每天食用一些在常温下存放的水果。

（7）多食调护脾胃的食物

产妇要注意调护脾胃、促进消化，多食一些健脾、开胃、促进消化的食物，如山药、山楂糕（片）、红枣、番茄等。山楂除有开胃、助消化的功用外，还可活血化淤。

（8）多食带汤的菜

产妇的饮食烹调方法应以食物易消化为原则，要多食带汤的菜肴，如炖鸡汤、排骨汤、牛肉汤、猪蹄汤、鱼汤，也可多吃些鸡蛋汤、豆腐汤、青菜汤。在排骨汤、鱼汤中加入适量的醋不但可去腥，而且有助于骨内钙、磷的溶出。少用煎、炸等不易消化的烹调方法。

（9）多吃软烂的食物

软是指食物烧煮方式应以细软为主，产妇的饭要煮得软一点，少吃油炸的食物，少吃坚硬的带壳的食物。因新妈妈产后由于体力透支，很多人会有牙齿松动的情况，过硬的食物一方面对牙齿不好，另一方面也不利于消化吸收。

哺乳期不宜食用的食物

准妈妈产后为了自身和宝宝的健康，依然要继续保持良好的饮食习惯，该忌口的还是要忌，一般而言不宜食用以下食物。

（1）抑制乳汁分泌的食物

韭菜、麦芽（包括含麦芽的食物，如巧克力）、人参等有回奶的作用，最好不要吃，会抑制乳汁分泌。

（2）有刺激性的食物

产后饮食宜清淡，不要吃那些刺激的食物，如辛辣的调味料、酒、咖啡等。

太过刺激的调味料：如辣椒等，哺乳期的妈妈应加以节制。

酒：少量的酒可促进乳汁分泌，对婴儿也无影响；过量时，则会抑制乳汁分泌，也会影响子宫收缩，故应酌量少饮或不饮。

（3）油炸食品、脂肪高的食物

这类食物不易消化，能被人体吸收的营养很少，而且热量偏高，应限制摄取。

（4）香烟

哺乳期妈妈不要吸烟。如果哺乳期妈妈仍吸烟的话，尼古丁会很快出现在乳汁中从而被宝宝吸收。研究显示，尼古丁对宝宝的呼吸道有不良影响，因此，哺乳期妈妈最好能戒烟，并避免吸入二手烟。

（5）药物

长期服用某些药物对哺乳期妈妈来说也是不合适的，虽然大部分药物在一般剂量下，都不会让宝宝受到影响，但仍建议哺乳期妈妈在自行服药前，要主动告诉医生自己正在哺乳的情况，以便医生开出适合服用的药物，并选择持续时间较短的药物，达到通过乳汁的药量最少的目的。另外，哺乳期妈妈如果在喂了宝宝母乳后服药，下次喂奶时应在乳汁内药物的浓度达到最低时再喂宝宝，这样宝宝会更加安全。

（6）易致过敏的食物

有时新生儿会有一些过敏的情况发生，哺乳期妈妈不妨多观察宝宝皮肤上是否出现红疹，并评估自己的饮食。尽量不吃容易导致过敏的食物，如海鲜产品、洋葱、香菇等。因此，哺乳期妈妈要避免食用任何可能会造成宝宝过敏的食物。

（7）寒凉或带气味的食物

哺乳期妈妈应避免吃太寒凉的食物，否则宝宝容易出现腹泻的情况。如果哺乳期妈妈吃进蒜，母乳中也会产生蒜味，所以带有特殊气味的食物也要少吃，以免影响乳汁的味道。

（8）加工食物

哺乳期妈妈应少吃加工过的食品。比如含有硝酸盐的香肠，其中可能会含有亚硝胺（是一种致癌物质），应尽量避免。另外建议哺乳期妈妈要注意所食用的东西是否经过加工，如罐头、咸蛋、熏制食物等，皆要避免。哺乳期间最好选择天然的食物，保障宝宝的健康。

PART 1

怀孕期

　　孕妈妈的饮食健康不仅关系自身，而且与胎儿发育密切相关。所以在孕期，合理摄取营养应该遵循一定的原则，做到粗细搭配、荤素并用，每日食用适量的奶类及其制品，蔬菜和水果兼有，才能达到全面科学合理的营养要求，保证胎儿的正常生长发育。本章特别介绍一些适合孕妈妈吃的菜式，简单易学且营养丰富。

番茄酱锅包肉

材料

猪里脊肉 400 克，胡萝卜丝 5 克，食用油、醋、番茄酱、水淀粉各适量，葱丝 5 克，姜丝 4 克

猪里脊肉： 补虚滋阴，益气补血

做法

1. 将猪里脊肉洗净、切片，用水淀粉挂糊上浆备用。
2. 热锅下油，投入猪里脊肉炸至外焦里嫩、色泽金黄时捞出沥油。
3. 锅留底油，下入葱丝、姜丝、胡萝卜丝炒香，放入醋、番茄酱烧开，放入猪里脊肉快速翻炒即可。

小贴士

猪里脊肉含有人体所需的丰富优质蛋白质、脂肪酸、维生素等，而且肉质较嫩，易消化。此外，猪里脊肉含有促进铁吸收的半胱氨酸，能改善缺铁性贫血。适宜怀孕初期的女性食用。

豆筋红烧肉

材料

五花肉 400 克，豆筋 150 克，盐 3 克，葱 10 克，酱油、醋、食用油各少许

做法

1. 五花肉洗净，切块，入沸水中氽烫，捞出沥干；豆筋洗净泡发，切块；葱洗净，切花。
2. 起油锅，放入五花肉炒至出油，再放入豆筋一起炒，加盐、酱油、醋炒匀，加适量清水，煮熟盛盘，撒上葱花即可。

小贴士

　　豆筋以优质脱脂豆粉为原料，色泽黄白，油光透亮，含有丰富的蛋白质及多种营养成分，口感筋韧，富有弹性，易消化吸收，是一种营养丰富的食物，能为孕妈妈提供均衡营养，迅速补充能量，并且可提供胎儿肌肉生长所需要的蛋白质。

虎皮小白肉

材料

猪肉 500 克，彩椒各 50 克，白芝麻 8 克，盐 3 克，葱、姜、蒜各 5 克，食用油、醋、酱油、红油各适量

做法

1. 猪肉洗净，切片，用盐腌渍，摆好盘，蒸熟后取出；彩椒均去蒂洗净，切片；葱洗净，切花；姜、蒜均去皮洗净，切末。
2. 锅下油烧热，入姜、蒜、白芝麻炒香，加盐、酱油、醋、红油做成味汁，放入葱花略炒，起锅淋在猪肉上，将彩椒摆盘即可。

小贴士

　　猪肉性平，味甘咸，含有丰富的蛋白质、脂肪酸、B 族维生素、钙、磷、铁等成分，具有补虚强身、滋阴润燥的作用，孕妈妈可用之作营养滋补之品。

巴戟黑豆鸡汤

材料

鸡腿 150 克，巴戟天 15 克，黑豆 100 克，盐 5 克

做法

1. 将鸡腿剁块，放入沸水中氽烫，捞起洗净。
2. 将黑豆淘净，和鸡腿、巴戟天一起放入锅中，加水至盖过材料。
3. 以大火煮开，转小火续炖 40 分钟，加盐调味即可食用。

拔丝山药

材料

山药 500 克，白芝麻 10 克，食用油、白糖、淀粉各适量

做法

1. 山药洗净，上笼蒸熟去皮，切块，再改刀成条，撒上淀粉，入油锅炸至呈金黄色，即可捞起沥油。
2. 炒锅下清水、白糖，使白糖溶化成浆液，烧至黏性起丝，即撒入白芝麻，投入山药，迅速翻炒，起锅装盘即成。

白果炖乌鸡

材料

乌鸡肉 300 克，白果 10 克，枸杞子 5 克，盐 3 克，姜 2 克

做法

1. 乌鸡肉洗净切块；白果和枸杞子分别洗净沥干；姜洗净，去皮切片。
2. 乌鸡块、白果、枸杞子和姜片放入锅中，倒入适量清水，用大火煮开，转小火炖 2 个小时，加盐调味即可。

菜花炒番茄

材料

菜花 250 克，番茄 200 克，香菜 3 克，盐、食用油、鸡精各适量

做法

1. 菜花去除根部，切成小朵，用清水洗净，焯水，捞出沥干水备用；香菜洗净切小段；番茄洗净，切小丁。
2. 锅中加油烧至六成热，将菜花和番茄丁放入锅中，再调入盐、鸡精翻炒均匀，盛盘，撒上香菜段即可。

柠檬鸡块

材料

鸡肉 300 克，柠檬汁 15 毫升，蛋黄、盐、水淀粉、白糖、醋、香菜段、食用油各适量

做法

1. 鸡肉洗净，切块，加蛋黄、盐、水淀粉拌匀备用。
2. 油锅烧热，投入鸡肉滑熟，出锅装盘。
3. 锅内放入清水，加入柠檬汁、白糖、醋烧开，用水淀粉勾芡，出锅浇在鸡肉上，撒上香菜即成。

柠檬软煎鸡

材料

鸡肉 400 克，柠檬 50 克，盐 3 克，味精 1 克，淀粉 15 克，柠檬汁、食用油各适量

做法

1. 柠檬洗净，切片；鸡肉洗净，切片。
2. 锅内注油烧热，下鸡肉煎至变色，倒入柠檬汁煮开，加入柠檬一起炒匀。
3. 再加入盐翻炒至熟后，加入味精调味，用淀粉勾芡即可。

话梅山药

材料

山药 300 克，话梅 4 颗，冰糖适量

做法

1. 山药去皮，洗净，切长条，入沸水锅焯熟后，放冰水里冷却后装盘。
2. 锅置火上，加入少量水，放入话梅和冰糖，熬至冰糖融化，倒出晾凉，再倒在山药上。
3. 将山药放置 1 个小时，待汤汁渗入后即可食用。

小贴士

　　山药中含有淀粉酶、多酚氧化酶等物质，有利于增强脾胃消化吸收功能，是一味平补脾胃的药食两用之品，不论脾阳亏或胃阴虚，皆可食用。山药中含有多种营养素，有补脾养胃、滋肾益精的作用。这道菜爽脆开胃，有利于改善孕妈妈怀孕期间的食欲不振。

红烧肉扒板栗

材料

五花肉 500 克，板栗 200 克，盐、白糖各 3 克，酱油、香菜叶、食用油、彩椒各适量

做法

1. 五花肉洗净切块，入水煮沸捞出，洗净；板栗去壳煮熟，捞出沥干，装在煲内；香菜叶洗净；彩椒洗净，切片。
2. 起油锅，入白糖烧至起大泡时入肉块迅速翻炒，入盐、酱油，加少许水，煮至汤汁收浓，盛在板栗上，撒上香菜、彩椒片即可。

小贴士

　　板栗性温味甘，无毒，有养胃健脾、补肾强筋的食疗作用，经常食用可治腰腿无力。板栗还含有大量淀粉、蛋白质、脂肪、B 族维生素等多种营养素，素有"干果之王"的美称。

肉末炒白菜

材料

小青菜、白菜各 200 克，猪瘦肉 100 克，水淀粉 15 毫升，盐 3 克，食用油适量

做法

1. 猪瘦肉洗净，剁成末，加盐和水淀粉搅拌均匀；小青菜、白菜均洗净，切段。
2. 锅注油烧热，放入猪瘦肉末煸炒至熟，装盘待用；锅再注油烧热，放入小青菜、白菜段翻炒，调入盐，装盘即可。

小贴士

白菜所含的矿物质钙、磷能够促进骨骼发育，促进人体新陈代谢，增强人体造血功能。它还富含维生素 B_1、维生素 B_6 等，能缓解精神紧张，有利于增强孕妈妈的免疫力；小青菜还含有抗过敏的维生素，有助于提高身体功能。

肉末粉丝青菜

材料

猪瘦肉 300 克，青菜 200 克，粉丝 200 克，盐 3 克，鸡精、淀粉、彩椒片、食用油各适量

做法

1. 猪瘦肉洗净，切末，用淀粉和盐拌匀腌渍；青菜洗净，切小段；粉丝用水泡软。
2. 油锅烧热，将肉末入锅翻炒至变色，放青菜入锅，用大火快炒 3 分钟后放粉丝和彩椒片入锅翻炒片刻，加盐、鸡精调味，起锅装盘即可。

小贴士

粉丝的营养成分主要是膳食纤维、蛋白质、烟酸和钙、镁、铁、钾、磷、钠等矿物质，非常适宜孕妈妈食用。

香葱炒鸡

材料

鸡肉 350 克，酱油、香油各少许，食用油、彩椒条、葱段各适量，盐、味精各 2 克

做法

1. 鸡肉洗净，切块，加盐、酱油腌渍。
2. 油锅烧热，下鸡肉滑熟，入彩椒条、葱段同炒片刻。
3. 出锅前调入味精炒匀，淋入香油即可。

小贴士

　　葱含有丰富的蛋白质、脂肪、糖类、维生素 A、维生素 B_1、维生素 B_2、维生素 C、钙、磷、铁、镁及膳食纤维，不仅能舒张血管，促进血液循环，还有助于防治血压升高所致的头晕，可使大脑保持灵活，对孕妈妈十分有益。

蚝油鸡片

材料

鸡肉、草菇各 200 克，彩椒 80 克，盐、味精各 2 克，酱油 5 毫升，蚝油、香油各少许，食用油适量

做法

1. 彩椒、草菇洗净，切片，入沸水焯一下；鸡肉洗净，切片，放盐、酱油腌 15 分钟。
2. 炒锅上火，加油烧至六成热，下鸡肉炒至颜色发白，加彩椒、草菇炒香后，放蚝油、味精、香油调味，盛盘即可。

小贴士

　　鸡肉含丰富的蛋白质、维生素 C、维生素 E 等，其脂肪中含不饱和脂肪酸，很容易被人体吸收利用，而且消化率高，对体质虚弱，病后或怀孕期虚弱的孕妈妈都有滋补之效。

糖醋排骨

材料

猪排骨 300 克，番茄、黄瓜各 50 克，食用油、盐、酱油、白糖、醋各适量

番茄：清热止渴，健胃消食

做法

1. 将猪排骨斩成块，入沸水锅中，锅中加入少许盐，汆烫至八成熟，捞出沥干，肉汤留用；番茄、黄瓜洗净切块备用。

2. 锅置火上，放油烧热，放入猪排骨块、番茄块和黄瓜块翻炒，加入酱油炒香，再浇入肉汤，一次不要浇太多。再炒，多浇、炒几次，最后一次炒至汁半干时，加入白糖、醋和剩余盐，炒到汁快干时装盘即可。

小贴士

　　猪排骨含有优质蛋白质、脂肪，尤其是丰富的钙元素。糖醋排骨的味道酸甜适口，非常开胃，适合孕早期胃口不佳的孕妈妈食用。

山药炒虾仁

材料

山药 300 克，虾仁 200 克，芹菜、胡萝卜各100 克，盐、鸡精、圣女果、食用油各适量

做法

1. 山药、胡萝卜均去皮洗净，切条状，入沸水焯熟；虾仁洗净备用；芹菜洗净，切段；圣女果洗净，对切摆盘。
2. 锅下油烧热，放入虾仁滑炒片刻，再放入山药、芹菜、胡萝卜一起炒热，加盐、鸡精调味即可。

小贴士

　　山药含有皂苷、黏液质，可以润滑滋润，滋阴养肺，具有补脾健胃的作用，将山药搭配虾仁、芹菜、胡萝卜，不仅有诱人的口味，还能为孕妈妈提供丰富的营养。

吐司白果鲜虾球

材料

吐司 80 克，白果 50 克，虾仁 150 克，橙子、彩椒、葡萄、草莓沙拉酱、食用油、盐各适量

做法

1. 白果洗净；虾仁处理干净；吐司切菱形片；橙子洗净切片，摆盘；彩椒去蒂洗净，切片；葡萄洗净对半切开，点缀在橙子片上。
2. 起油锅，入吐司稍微炸一下后，捞出摆盘，锅内留少许油，入白果、虾仁、彩椒，加盐炒熟，盛在吐司上，淋上草莓沙拉酱即可。

小贴士

　　白果含粗脂肪、淀粉、蔗糖、核蛋白、矿物质、粗纤维，以及维生素 C、维生素 E、维生素 B_2、胡萝卜素、类胡萝卜素、花青素，另外含有 17 种氨基酸。食用此菜可帮助孕妈妈提高免疫力。

彩椒牛肉丝

材料

牛肉、彩椒各 200 克，蛋清 40 克，姜、食用油、酱油、甜面酱、盐、鸡精、淀粉、水淀粉、鲜汤各适量

做法

1. 将牛肉洗净切丝，加入盐、蛋清、淀粉搅拌均匀；彩椒和姜均洗净切成细丝。
2. 锅内放少许油，将彩椒丝倒入炒至半熟，盛出备用；牛肉丝滑炒至八成熟，备用。
3. 锅内放少许油加入甜面酱、牛肉丝、彩椒丝、姜丝炒出香味，加入酱油、鸡精、盐和少许鲜汤，用水淀粉勾芡，翻炒均匀即成。

小贴士

　　此菜含有丰富的优质蛋白质和人体必需的氨基酸、维生素，同时具有补益脾胃、增强免疫力的功效。

福建炒笋片

材料

猪肉 200 克，冬笋 100 克，盐 3 克，味精 2 克，酱油、蚝油各 5 毫升，彩椒片、淀粉、食用油各少许

做法

1. 将冬笋去壳，洗净，切片；猪肉洗净，切片，加盐和淀粉腌渍。
2. 锅中加水，放入笋片焯去异味后，捞出沥干。
3. 锅中加油烧热，下入猪肉片炒至变白后加入笋片、彩椒片一起炒熟，再加盐、味精、酱油、蚝油调味即可。

小贴士

　　冬笋含有丰富的蛋白质、氨基酸、脂肪、糖类、钙、磷、铁、胡萝卜素、维生素 B_1、维生素 B_2、维生素 C，可促进胃肠蠕动，降低肠内压力，是孕妈妈防止便秘的保健蔬菜。

白菜香菇炒山药

材料

白菜 250 克，山药 100 克，香菇、彩椒各 40 克，味精、盐、食用油、酱油各适量

做法

1. 白菜洗净，竖切条；香菇泡发，洗净切丝；山药去皮，洗净，切丝；彩椒洗净，去籽，切丝。
2. 锅中倒油烧热，下香菇和山药翻炒，加入白菜和彩椒丝炒熟。
3. 加盐、酱油和味精，炒匀即可。

小贴士

    白菜具有较高的营养价值，民间有"百菜不如白菜"的说法，与山药、香菇搭配制成菜肴，适宜孕妈妈怀孕初期食用，可缓解妊娠引起的呕吐。

陈醋娃娃菜

材料

娃娃菜 400 克，红椒少许，白糖 15 克，味精 2 克，香油适量，陈醋 20 毫升

做法

1. 将娃娃菜洗净，改刀，入水中焯熟；红椒洗净，切圈。
2. 用白糖、味精、香油、陈醋调成味汁。
3. 将味汁倒在娃娃菜上进行腌渍，撒上红椒圈即可。

小贴士

    娃娃菜含有丰富的叶酸，孕妈妈可适当多食用以补充体内叶酸需求，为胎儿生长发育提供健康保障。此外，因此菜酸甜可口，也可帮助孕妈妈改善食欲不振的情况。

千层包菜

材料

包菜 500 克，彩椒 10 克，盐 3 克，味精 1 克，酱油、香油各适量

做法

1. 包菜、彩椒洗净，切块，放入沸水中稍烫，捞出，沥干水分备用。
2. 用盐、味精、酱油、香油调成味汁，将每一片包菜泡在味汁中，取出。
3. 将包菜一层一层叠好放盘中，彩椒放在包菜上即可。

小贴士

包菜维生素 C 的含量非常丰富，并且富含叶酸，非常适合孕妈妈和贫血患者食用。制作此菜时还可以撒些白芝麻，一是更加美观，二是可起到益肝养发、强健身体的功效。

炝炒小白菜

材料

小白菜 500 克，干红椒少许，盐 3 克，食用油、香油各 10 毫升，味精 1 克

做法

1. 将小白菜洗净，干红椒切段。
2. 锅置火上，倒入食用油烧热，爆香干红椒段，放入小白菜快速翻炒。
3. 至小白菜八成熟时调入盐、味精炒匀，淋入香油，出锅装盘即可。

小贴士

小白菜是含维生素和矿物质最丰富的蔬菜之一，可为身体的生理需要提供营养物质，有助于孕妈妈增强免疫能力，不过此菜微辣，孕妈妈要适量食用。

姜杞鸽子煲

材料

鸽子1只，枸杞子20克，姜30克，青菜心、盐各少许，味精2克

做法

1. 将鸽子杀洗干净，斩块汆水；枸杞子泡开备用；姜洗净，拍散；青菜心洗净。
2. 炒锅上火倒入水，下入鸽子、姜块、枸杞子，大火煮沸后调入盐、味精，转小火煲至熟，撒上青菜心即可。

老鸭莴笋煲

材料

莴笋250克，老鸭150克，枸杞子10克，盐少许，葱末、姜末、蒜末各2克

做法

1. 将莴笋去皮洗净，切块；老鸭洗净，斩块汆水，枸杞子洗净备用。
2. 煲锅上火倒入水，调入葱末、姜末、蒜末煮沸，下入莴笋、老鸭、枸杞子小火煲至熟，调入盐即可。

莲子龙骨鸭汤

材料

莲须、鲜莲子各100克，鸭肉半只，龙骨、牡蛎各10克，芡实50克，盐3克

做法

1. 将莲须、龙骨、牡蛎洗干净后放入棉布袋，扎紧；鸭肉洗净剁块，入沸水中汆烫，捞起冲净；莲子、芡实冲净，沥干。
2. 将除盐外的所有材料一起盛入煮锅，加适量清水以大火煮开，转小火续煮40分钟，拣出棉布袋，加盐调味即可。

山药草菇炖鸡

材料

老鸡 400 克，草菇 150 克，山药 100 克，盐少许，味精 2 克，红椒圈、食用油、高汤各适量，葱、香菜各 3 克

做法

1. 将老鸡洗净斩块氽水；草菇浸泡洗净；山药洗净备用。
2. 炒锅上火倒入油，将葱爆香，加入高汤，下入老鸡、菌菇、山药，调入盐、味精，煲至成熟，撒入香菜、红椒圈即可。

山药鱼头汤

材料

鲢鱼头 400 克，山药 100 克，枸杞子 10 克，盐 4 克，鸡精 2 克，香菜、葱花、姜末各 5 克，食用油适量

做法

1. 将鲢鱼头冲洗干净垛成块；山药浸泡洗净备用；枸杞子洗净。
2. 净锅上火倒入油、葱花、姜末爆香，下入鱼头略煎加水，下入山药、枸杞子，调入盐、鸡精煲至成熟，撒入香菜即可。

酸菜煲鸭

材料

鸭肉 300 克，东北酸白菜丝 150 克，盐 4 克，葱段、姜丝各 3 克，彩椒丝各少许

做法

1. 将鸭肉洗净斩块，氽水；东北酸白菜丝洗净，备用。
2. 净锅上火倒入水，调入盐、葱段、姜丝，下入鸭肉、酸白菜丝煲至熟，撒上彩椒丝即可。

鸡蛋炒肉丝

材料

猪肉 200 克，鸡蛋 150 克，盐 3 克，香菜、食用油各适量

做法

1. 猪肉洗净，切丝；鸡蛋打入碗中，加盐搅拌好；香菜洗净，切段备用。
2. 油锅烧热，放入肉丝滑熟，捞出；另起油锅，下入鸡蛋液炒散。
3. 鸡蛋炒好后，加入肉丝翻炒均匀，加入香菜炒匀，装盘即可。

小贴士

鸡蛋含有人体所需的氨基酸，猪肉中含卵磷脂、铁、磷、钙等营养物质，并且含有维生素和烟酸等，具有很高的营养价值和一定的医疗效用，二者做菜对孕妈妈尤其有益。

韭黄肉丝

材料

猪肉 200 克，韭黄 100 克，盐、味精、酱油、水淀粉、香油、食用油、彩椒各适量

做法

1. 猪肉洗净，切丝，加盐、酱油、水淀粉腌渍上浆，入油锅滑熟，盛出；韭黄洗净，切段；彩椒洗净切片。
2. 再热油锅，入彩椒炒香，下韭黄略炒，放入肉丝，调入味精、酱油，淋入香油即可。

小贴士

韭黄俗称"韭菜白"，含有丰富的蛋白质、糖类、钙、铁、磷、维生素 A、维生素 B_2、维生素 C 和烟酸，以及苷类和苦味质等，具有补肾起阳作用，孕妈妈食用适量的韭黄有利于身体健康。

橄榄菜肉末炒苦瓜

材料

猪肉 400 克，橄榄菜 200 克，苦瓜 300 克，盐 3 克，味精 2 克，酱油、食用油、蚝油各适量

做法

1. 猪肉洗净，切末；橄榄菜洗净，切碎，拌入肉末；苦瓜洗净，去瓤切小片。
2. 油锅烧热，下肉末翻炒至变色，加酱油、蚝油调味，下苦瓜大火快炒，放肉末和橄榄菜翻炒至热，加盐和味精调味即可。

小贴士

　　苦瓜含有蛋白质、脂肪、糖类、粗纤维、钙、磷、铁、胡萝卜素和多种维生素。苦瓜中维生素 C 和维生素 B_1 的含量远远高于一般蔬菜，具有促进饮食、消炎退热的功效，苦瓜中的苦瓜苷和苦味素能使孕妈妈增进食欲。

橄榄菜肉末四季豆

材料

猪肉 100 克，橄榄菜 100 克，四季豆 100 克，盐 3 克，味精 2 克，酱油、红椒、豆豉、食用油各适量

做法

1. 猪肉洗净，切成末；四季豆洗净，切小段；橄榄菜洗净，切碎；红椒洗净，切圈。
2. 油锅烧热，放肉末和四季豆入锅内翻炒至变色，放酱油调味。
3. 将橄榄菜、豆豉、红椒入锅同炒至热，放盐和味精调味，起锅装盘即可。

小贴士

　　四季豆富含优秀蛋白质和多种氨基酸、维生素，常食可保健脾胃、增进食欲，也有一定的消暑和清热的作用，能够有效地缓解缺铁性贫血。此菜微辣，孕妈妈要控制食用量。

马蹄炒香菇

材料

马蹄300克，鲜香菇100克，胡萝卜片20克，盐3克，味精2克，香油10毫升，水淀粉8毫升，食用油适量

做法

1. 将马蹄洗干净，削去外皮，切片。
2. 香菇去蒂，开水烫一下，再用冷水洗净。
3. 锅置火上，加油烧至七成热，煸炒香菇和胡萝卜片，加盐、味精和马蹄片翻炒，下水淀粉勾芡，淋入香油，出锅装盘即成。

梅子拌山药

材料

山药300克，话梅15克，红椒圈、白糖、盐各适量

做法

1. 山药去皮，洗净，切长条，放入沸水中煮至断生，捞出沥干水后摆入盘中。
2. 锅中放入话梅、白糖、红椒圈和适量盐，熬至汁见稠为止。
3. 汁放凉后浇在山药上即可。

芹菜拌花生米

材料

芹菜250克，花生米200克，番茄酱适量，盐3克，味精1克，食用油适量

做法

1. 将芹菜洗净，切碎，入沸水锅中焯熟，沥干，装盘；花生米洗净，沥干。
2. 炒锅注入适量油烧热，下入花生米炸至表皮泛红色后捞出，沥油，倒在芹菜中。
3. 最后加入盐和味精搅拌均匀，加入番茄酱即可。

雪梨鸡块煲

材料

鸡腿肉 200 克，雪梨 1 个，盐少许

做法

1. 将鸡腿肉洗净，斩块汆水；雪梨洗净，去皮切方块备用。
2. 净锅上火倒入水，下入鸡块、雪梨，煲至熟，调入盐即可。

洋葱炖猪排

材料

猪排骨 300 克，洋葱 50 克，姜末、白糖、盐、味精、酱油、食用油各适量

做法

1. 洋葱洗净切块后和猪排骨块放在一起，加酱油、味精、姜末、盐腌 15 ～ 30 分钟。
2. 平底锅放油，油热后将猪排骨煎至八成熟。
3. 换炒锅放油，放入洋葱爆香后，倒入猪排骨及腌猪排骨的汁，加水，用小火炖 20 分钟后，放白糖煮入味后出锅。

榨菜鸡丝汤

材料

鸡脯肉 150 克，榨菜 100 克，食用油 20 毫升，盐少许，味精 2 克，香油 3 毫升，葱末 3 克，红椒圈少许

做法

1. 将鸡肉洗净切丝；榨菜泡去盐分切丝备用。
2. 净锅上火倒入食用油，将葱末爆香，下入鸡丝炒至成熟，下入榨菜，倒入水煮沸，调入盐、味精，淋入香油，撒上红椒圈即可。

鸭肉炖魔芋

材料

鸭肉 250 克，魔芋丝结 100 克，姜 20 克，口蘑 200 克，枸杞子 50 克，味精、盐、醋、食用油、黄花菜各适量

做法

1. 鸭肉洗净剁块；魔芋丝结、口蘑、枸杞子、黄花菜均洗净；姜洗净切片。
2. 锅下油烧热，下鸭肉、姜片，稍炒，加适量清水，转大火炖煮至快熟时，下魔芋丝结、口蘑、黄花菜、枸杞子煮熟，加盐、味精、醋调味即可。

小贴士

　　魔芋属于有益的碱性食品，对于食用动物性酸性食品过多的人，搭配吃魔芋，可以达到摄食的酸碱平衡，对孕妈妈调理身体十分有益。

笋干老鸭煲

材料

老鸭 1 只，笋干 100 克，火腿 50 克，上海青少许，盐 3 克，味精 1 克

做法

1. 老鸭处理干净，剁成大块；笋干泡发后洗净，切成长条；火腿洗净，切片；上海青洗净。
2. 锅内注水烧沸，放入老鸭煮至汤色变浓时，加入笋干、火腿焖煮 30 分钟，加入上海青煮熟后，加入盐、味精调味，起锅装入煲中即可。

小贴士

　　笋干是以笋为原料，经过去壳切根修整、高温蒸煮、清水浸漂、压榨成型处理、烘干、整形包装等多道工序而形成，色泽明亮，含有丰富的蛋白质、氨基酸、膳食纤维等营养物质，对孕妈妈是非常有价值的保健蔬菜。

乳鸽炖洋葱

材料

乳鸽1只，洋葱50克，姜、白糖各5克，盐、味精、食用油、高汤、酱油各适量

乳鸽： 滋补肝肾，益气固元

做法

1. 将乳鸽洗净剁成小块；洋葱洗净切成角状；姜去皮切片。
2. 锅中加油烧热，下入洋葱片、姜片爆炒至出味，再下入乳鸽，加入高汤用小火炖20分钟，放白糖、盐、味精、酱油煮至入味后出锅即可。

小贴士

    乳鸽肉味咸、性平、无毒，具有滋补肝肾之作用，可以补气血，还可用以治疗恶疮、久病虚羸、消渴等症。常吃可使身体强健，清肺顺气。与洋葱搭配煲汤，有滋阴润燥的作用，利于孕妈妈补气养血。

高汤娃娃菜

材料

娃娃菜 600 克，四季豆 200 克，香菇 100 克，枸杞子、盐、酱油、鸡精、食用油各适量

做法

1. 娃娃菜洗净，切成 6 瓣，入水烫熟，装盘；四季豆去筋，洗净切丝；香菇洗净，切丝；枸杞子泡发备用。
2. 锅中倒油烧热，入四季豆、香菇煸炒至变色，调入盐、酱油、鸡精，加适量清水，放入枸杞子，烧开，将汤汁浇在娃娃菜上即可。

小贴士

　　娃娃菜虽然外形酷似"小型白菜"但是其钾含量却比白菜多，钾是维持神经肌肉应激性和正常功能的重要元素，经常有倦怠感的人多吃点娃娃菜可有不错的调节作用。娃娃菜对提高孕妈妈身体免疫力有很好的作用。

清蒸娃娃菜

材料

娃娃菜 500 克，干虾仁 30 克，盐 3 克，鸡精 2 克，淀粉 8 克

做法

1. 娃娃菜洗净，沥干水分，切条，装盘备用；干虾仁泡发，撒在娃娃菜上。
2. 淀粉加水，加入盐和鸡精，调匀浇在娃娃菜和虾仁上。
3. 将盘子置于蒸锅中蒸 5 分钟即可。

小贴士

　　娃娃菜的药用价值很高，中医认为娃娃菜性微寒无毒，经常食用具有养胃生津、除烦解渴、利尿通便、清热解毒之功效，娃娃菜还有助于胃肠蠕动，促进排便，秋冬季节多食有利于身体健康。孕妈妈可以多吃点娃娃菜，以充分补充叶酸。

狮子头

材料

五花肉 250 克，莲藕 20 克，生菜 50 克，盐、味精、淀粉、酱油、甜面酱、葱花、食用油各适量

做法

1. 五花肉洗净剁成肉泥；莲藕洗净切碎，与肉泥置于同一容器中，加入盐、味精、酱油、淀粉搅拌，做成肉丸；生菜洗净摆盘。
2. 油锅烧热，下肉丸炸至金黄色，待内部熟透捞起控油。
3. 锅内加水烧沸，加入肉丸烧至汤浓，加入甜面酱收汁，撒上葱花即可。

小贴士

狮子头具有补虚养身、气血双补、健脾开胃的功效，可以有效地改善孕妈妈营养不良、气虚体弱的情况。

清炒菜花

材料

菜花 400 克，酱油、蚝油各 10 毫升，食用油、姜末、葱段、香油、盐、淀粉各适量

做法

1. 将菜花洗净，掰成小朵，下入凉水锅中，加入少许盐，煮熟后捞出，沥干水。
2. 将酱油、盐、蚝油、淀粉放入碗中，加少许清水兑成芡汁。
3. 锅内加入油烧热，放入菜花炒软，放入葱段、姜末，倒入芡汁，翻炒均匀淋入香油即可。

小贴士

清炒菜花可为孕妈妈补充维生素，具有化滞消积、开胃消食的功效，可以缓解因早孕反应带来的各种不适。常食菜花还有助于提高孕妈妈的免疫力。

番茄肉片

材料

猪瘦肉 300 克，豌豆 15 克，冬笋 25 克，番茄 1 个，盐 3 克，味精 2 克，淀粉 10 克，食用油适量

做法

1. 猪瘦肉洗净切片，加入淀粉拌匀；冬笋切成梳状片；番茄洗净切块；豌豆洗净。
2. 锅中入油烧热，下肉片滑散后捞出。
3. 锅内留底油，下入番茄、冬笋、豌豆炒匀至熟，加盐、味精调味即成。

滑子菇扒小白菜

材料

小白菜 350 克，滑子菇 150 克，盐 3 克，鸡精 1 克，枸杞子 20 克，食用油、高汤、蚝油、水淀粉各适量

做法

1. 将小白菜洗净，切段，入沸水锅中氽水至熟，装盘中备用；滑子菇洗净；枸杞子洗净。
2. 炒锅注油烧热，放入滑子菇滑炒至熟，加高汤、枸杞子煮沸，调入盐、鸡精、蚝油，用水淀粉勾芡，倒在小白菜上即可。

乡巴佬扣肉

材料

五花肉 450 克，盐 3 克，味精 2 克，食用油、葱花、香菜段、酱油、蚝油各适量

做法

1. 五花肉洗净切片，用盐、酱油拌匀装盘，放入蒸锅中蒸熟，取出。
2. 锅中入油烧热，下五花肉炸至红色，捞出沥油，装盘。
3. 锅中加入味精、蚝油调成酱汁，淋在肉片上，撒上葱花、香菜段即可。

玉米炒蛋

材料

玉米粒 150 克，鸡蛋 3 个，火腿片 4 片，青豆、胡萝卜丁各适量，盐 3 克，水淀粉 4 毫升

做法

1. 青豆、玉米粒、胡萝卜丁洗净；鸡蛋入碗中打散，加入盐、水淀粉调匀；火腿片切丁。
2. 油锅烧热，倒入蛋液炒熟成鸡蛋块盛盘待用；再放玉米粒、胡萝卜粒、青豆和火腿粒，炒香时再放入鸡蛋块炒匀即可。

芋头烧肉

材料

五花肉 250 克，芋头 150 克，葱花、食用油、豆瓣酱、白糖、盐、鲜汤各适量

做法

1. 五花肉洗净，切小块；芋头去皮洗净，切滚刀块，两者一同过油后，捞出备用。
2. 锅中入油烧热，下豆瓣酱炒红，放葱花略炒，掺鲜汤熬汁后去渣料，放进五花肉，肉熟时下芋头烧至熟软，下白糖、盐调味即可。

糟香东坡肉

材料

五花肉 450 克，菜心 50 克，白糖 5 克，鸡精、盐、食用油、酱油、淀粉各适量

做法

1. 将一整块五花肉洗净，连着表皮，在肉上切方丁；菜心洗净，锅入水烧开，放入菜心焯水，捞出沥干后摆盘。
2. 将一整块五花肉摆在菜心上，一起入蒸锅蒸熟后取出，起油锅，将剩余调味料一起做成味汁，均匀地淋在五花肉上即可。

荷叶粉蒸肉

材料

五花肉 400 克，梅菜 80 克，香米粉 50 克，荷叶 1 张，盐、酱油、白糖、葱段、香菜段、姜末各适量

做法

1. 香米粉入锅炒香；五花肉洗净余水，放清水、酱油、盐、白糖、葱段、姜末煮开，小火烧至上色，捞出，切片，裹上香米粉；荷叶洗净备用；梅菜洗净切碎，炒熟备用。
2. 将肉装碗，放入梅菜，铺上荷叶，上笼蒸熟，端出倒扣盘中，撒上香菜段即可。

小贴士

　　荷叶中含有多种有效的化脂生物碱，能有效分解五花肉所含的脂肪，消除油腻感，非常适宜食欲不佳的孕妈妈食用。

青豆粉蒸肉

材料

五花肉 300 克，青豆 100 克，香菜段、蒸肉粉各适量，盐 3 克，鸡精 2 克，酱油 5 毫升

做法

1. 将青豆洗净，沥干待用；五花肉洗净，切成薄片，加蒸肉粉、酱油、盐和鸡精拌匀。
2. 将青豆放入蒸笼中，五花肉摆在青豆上，将蒸笼放入蒸锅蒸 25 分钟至熟烂时取出。
3. 撒上香菜段即可。

小贴士

　　青豆富含不饱和脂肪酸和大豆磷脂，含有人体所需的维生素 A、维生素 C 和维生素 K，青豆还能提供少量钙、磷、钾、铁、锌、维生素 B_1 和维生素 B_2，能够保护血管健康。并且，其含有的丰富的蛋白质和胡萝卜素对孕妈妈十分有益。

蒸肉卷

材料

五花肉 400 克，彩椒丝、盐、鸡精、水淀粉各适量

做法

1. 将五花肉洗净，切成厚薄均匀的片，加盐、鸡精、水淀粉搅拌均匀。
2. 每片五花肉卷上彩椒丝，整齐放入盘中。
3. 用大火蒸至熟烂即可。

小贴士

　　五花肉取于猪的腹部，猪腹部脂肪组织很多，其中又夹带着肌肉组织，肥瘦间隔，故称"五花肉"。这一部分的肉也最为鲜嫩多汁，而且含有很多优质蛋白质和人体必需的脂肪酸，可有效地改善缺铁性贫血，对孕妈妈的身体有益。

上海青红烧肉

材料

五花肉 350 克，上海青 100 克，白糖、酱油、盐、葱花、鸡汤、食用油、去皮蒜各适量

做法

1. 五花肉洗净，汆水后切方块；上海青洗净；蒜焯水。
2. 锅内入油，加白糖炒上色，放入肉、酱油、盐、鸡汤煨至肉烂浓香。上海青入沸水烫熟置碗底，将红烧肉摆放正中，撒上葱花，摆上蒜即可。

小贴士

　　红烧肉既有瘦肉的嚼劲儿，也有肥肉的鲜香，肥而不腻，色泽红亮诱人，入口即化，对孕妈妈有促进食欲、补益虚损的作用。

火腿老鸭汤

材料

老鸭 200 克，火腿片 100 克，油菜 100 克，竹笋 150 克，盐 3 克

做法

1. 将老鸭洗净，斩成块；竹笋洗净，切片；火腿洗净切片；油菜洗净。
2. 砂锅加水烧开，下入鸭肉、火腿煮开，再放入笋片，煮至快熟时，下入油菜，煮至肉烂菜熟，调入盐即可。

小贴士

　　鸭肉所含的 B 族维生素和维生素 E 较其他肉类多，具有滋阴润肺、补脾益胃的功效，可帮助消化，常被称为肉类中的第一滋补佳品。鸭肉中含有较为丰富的烟酸，它是构成人体内两种重要辅酶的成分之一，孕妈妈可适量食用。

腊肉老鸭汤

材料

老鸭 300 克，腊肉 50 克，油菜 100 克，枸杞子 10 克，盐 3 克，高汤 800 毫升

做法

1. 老鸭处理干净，剁成大块；腊肉洗净切片；油菜洗净；枸杞子洗净。
2. 锅中倒入高汤烧开，下入鸭肉、腊肉、油菜和枸杞子煮熟，加盐调味，再次煮沸即可。

小贴士

　　鸭肉可除湿解毒，有利于孕妈妈滋阴养胃，鸭肉所含 B 族维生素和维生素 E 比较丰富，能有效抵抗神经炎和多种炎症，还有抗衰老的作用，孕妈妈可适量食用。

酸萝卜老鸭汤

材料

老鸭1只，酸萝卜1个，姜10克，蒜5克，盐3克，葱段10克，食用油、高汤各适量

做法

1. 老鸭宰杀洗净，剁成块，放入热水中汆去血水，捞出；姜洗净拍裂；蒜去皮拍裂；酸萝卜洗净，切丝。
2. 锅中入油放入姜、蒜、葱段、酸萝卜、老鸭一起炒香，再加入高汤，先用大火烧滚，再改小火炖煮至熟烂，加盐调味即可。

小贴士

　　鸭肉性寒、味甘，含饱和脂肪酸量也明显比猪肉、羊肉少，对身体虚弱、病后体虚、营养不良性水肿有良好的改善作用。鸭肉的碳水化合物含量适中，其中脂肪均匀地分布在全身之中，是孕妈妈的滋补佳品。

滋补鸭汤

材料

鸭肉500克，竹笋30克，火腿50克，枸杞子5克，油菜适量，盐3克，味精2克，酱油适量

做法

1. 鸭肉处理干净，切块；竹笋洗净，切成条；火腿洗净，切片；油菜洗净，撕片；枸杞子洗净。
2. 锅内注水，放入鸭块、火腿、竹笋、枸杞子焖煮至汤色变浓时，加入油菜，煮至熟后，加入盐、酱油、味精调味，起锅即可。

小贴士

　　鸭肉是暑天的清补佳品，它不仅营养丰富，而且有滋补五脏、清除虚热、补血行水、养胃生津的功效。鸭肉中的脂肪酸主要是不饱和脂肪酸和低碳饱和脂肪酸，适合孕妈妈调补身体。

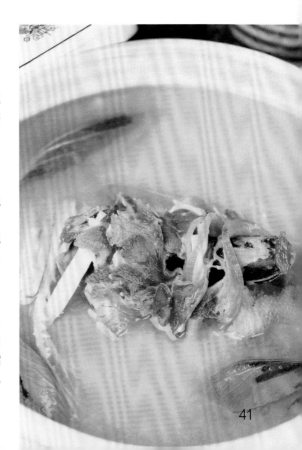

白果百合炒虾仁

材料

虾仁 200 克，白果 100 克，百合 80 克，黄瓜、胡萝卜、莴笋各 50 克，鸡精 2 克，盐 3 克，水淀粉、食用油各适量

做法

1. 白果、百合均洗净；虾仁处理干净；胡萝卜、莴笋均去皮洗净，切丁；黄瓜洗净，切片。
2. 热锅下油，入白果、虾仁、莴笋、胡萝卜、百合炒熟，加入鸡精、盐调味，待熟用水淀粉勾芡装盘，再将黄瓜片摆盘即可。

小贴士

中医认为百合具有润肺止咳、清心安神的作用，百合所含的生物碱、皂苷、磷脂、多糖等活性成分都可以平衡孕妈妈体内的营养素。其含有大量微量元素，具有很高的食用价值。

豌豆白果炒虾仁

材料

虾仁 250 克，豌豆 80 克，白果 150 克，味精 2 克，盐 3 克，香油、食用油各适量

做法

1. 虾仁洗净，用盐腌渍；豌豆、白果均洗净备用。
2. 油锅烧热，放入虾仁滑熟，捞出；另起油锅，放入豌豆、白果翻炒，加水烧开。
3. 煮至汤汁浓稠，加味精调味，放入虾仁炒匀，淋香油，装盘即可。

小贴士

白果中含有的白果酸、银杏酚，经实验证明有抑菌和杀菌作用，可用于治疗呼吸道感染性疾病。白果味甘、涩，微苦，有生津止渴、排毒养颜的功效。

玉米鲜虾仁

材料

虾仁 100 克，玉米粒 200 克，豌豆 50 克，盐 3 克，味精 1 克，火腿、白糖、食用油、水淀粉各适量

做法

1. 虾仁洗净，沥干；玉米粒、豌豆分别洗净，焯至断生，捞出沥干；火腿切丁备用。
2. 锅中注油烧热，下虾仁和火腿，炒至变色，加入玉米粒和豌豆同炒。
3. 待所有原材料均炒熟时加入白糖、盐和味精调味，用水淀粉勾薄芡，炒匀即可。

小贴士

　　虾仁所含有丰富的蛋白质、钙和磷，对孕妈妈有很好的滋补作用。不过虾仁不能与含有大量维生素 C 的水果同食，否则容易出现头晕呕吐的情况。

白果爆凤丁

材料

鸡胸肉、白果各 100 克，黄瓜 80 克，盐 3 克，味精 2 克，淀粉 20 克，彩椒片 30 克，香油、食用油各适量

做法

1. 黄瓜洗净，切片，摆盘；鸡脯肉洗净，切丁，用盐、淀粉腌渍；白果去壳洗净，焯水后捞出。
2. 油锅烧热，下鸡丁爆炒 2 分钟，放入白果、彩椒片同炒片刻，调入味精，淋入香油即可。

小贴士

　　鸡胸肉有高蛋白、低脂肪的特性，尤其适宜儿童与孕妈妈食用，既不会使动物脂肪被摄入过多，也可以降低胆固醇，因此保健功效极佳。另外白果味苦，可以提前用清水浸泡，这样可使白果在食用时效果更佳。

冬笋煲鱼块

材料

草鱼肉 300 克，冬笋 100 克，盐少许，鸡精 2 克

做法

1. 将草鱼处理干净斩块，冬笋洗净切块备用。
2. 净锅上火倒入水，下入鱼块、冬笋煲至熟，调入盐、鸡精即可。

豆腐茄子苦瓜煲鸡

材料

豆腐 100 克，茄子 75 克，苦瓜 45 克，鸡胸肉 30 克，盐 3 克，彩椒丝、高汤各适量

做法

1. 将豆腐洗净切块；茄子、苦瓜分别去皮洗净切块；鸡胸肉洗净切小块。
2. 炒锅上火，倒入高汤，下入豆腐、茄子、苦瓜、鸡胸肉大火煮沸转小火煲至熟，加盐调味，撒上彩椒丝即可。

鸽子绿豆汤

材料

绿豆 200 克，鸽子 150 克，红枣 4 颗，生地 3 克，盐 3 克，姜片 2 克，枸杞子、清汤、葱段各适量

做法

1. 将绿豆淘洗干净；鸽子洗净斩块；枸杞子、红枣用温水洗净备用。
2. 净锅上火倒入清汤，下入绿豆、鸽子、枸杞子、红枣、姜片、生地烧开，转小火煲至熟，调入盐，撒上葱段即可。

韭菜薹炖猪血

材料

韭菜薹 100 克，猪血 150 克，姜片 5 克，彩椒块 20 克，蒜片 10 克，食用油 15 毫升，豆瓣酱 20 克，盐 3 克，鸡精 2 克，上汤 200 毫升

做法

1. 猪血切块，洗净；韭菜薹洗净，切段。
2. 油烧热，爆香蒜片、姜片、彩椒块，加入猪血、上汤及豆瓣酱、盐、鸡精煮入味，再加入韭菜薹煮熟即可。

绿豆鸭汤

材料

鸭肉 250 克，绿豆、红豆各 20 克，盐适量

做法

1. 将鸭肉洗干净切块，绿豆、红豆均淘洗干净备用。
2. 净锅上火倒入水，下入鸭肉、绿豆、红豆大火煮沸转小火煲至熟调入盐即可。

什锦炖鸡汤

材料

鸡肉 300 克，火腿 100 克，水发香菇 50 克，黑豆 30 克，豌豆 20 克，盐、食用油各适量，味精 2 克，香油 3 毫升，葱 5 克

做法

1. 将鸡肉洗净斩块汆水；火腿切片；香菇去根洗净改刀；黑豆、豌豆分别洗净。
2. 净锅上火，倒入油，将葱炝香，倒入水，加入鸡肉、火腿、香菇、黑豆、豌豆煲至熟，调入盐、味精，淋入香油即可。

素炒三鲜

材料

竹笋 250 克，芥菜 100 克，水发香菇 50 克，葱末、香油、盐、鸡精、食用油各适量

做法

1. 竹笋切成丝，放入沸水锅里汆烫后捞出，用凉水洗净，沥干；水发香菇去蒂，洗净，切丝；芥菜择洗干净，切成末，备用。
2. 将炒锅洗净，置于大火上，起油锅，下入竹笋丝、香菇丝，煸炒几下，加少许清水，大火煮沸后，转用小火焖煮 3~5 分钟，下入芥菜末，加入盐和鸡精迅速炒熟，淋上香油，撒上葱末即可。

小贴士

　　素炒三鲜是素食者的上佳食谱，内含蛋白质、脂肪、钙、磷、维生素 B_1 和烟酸等成分，可以增强食欲。

白果炒上海青

材料

上海青 400 克，白果 100 克，水淀粉、食用油各适量，盐 3 克，鸡精 1 克

做法

1. 将上海青洗净，对半剖开；白果洗净，入沸水锅中汆熟，捞起沥干，备用。
2. 炒锅注油烧热，放入上海青略炒，再加入白果翻炒，加少量水烧开，待水烧干时，加盐和鸡精调味，用水淀粉勾芡即可。

小贴士

　　上海青中含有丰富的钙、铁和维生素 C，胡萝卜素含量也很丰富，是人体黏膜及上皮组织维持生长的重要营养源，对抵御皮肤过度角化大有裨益。孕妈妈不妨多摄入一些上海青，一定会收到意想不到的美容效果。

肉炒西葫芦

材料

猪肉200克，西葫芦150克，食用油、水淀粉、盐、味精、彩椒、酱油、柠檬片各适量

做法

1. 猪肉洗净，切片，用盐、味精、水淀粉腌一下；西葫芦洗净，去皮，切成片；彩椒洗净，切片；柠檬片摆盘备用。
2. 油锅烧热，加猪肉，炒至肉色微变时，捞出，锅内留油，下西葫芦炒熟。
3. 入猪肉、彩椒，加清水焖2分钟淋入酱油调味，盛盘即可。

小贴士

西葫芦中含有较多的维生素C、葡萄糖以及其他营养物质，中医认为西葫芦具有清热利尿的作用，能够除烦止渴，润肺止咳。也有解油腻的功效，对孕妈妈有着很好的补养效果。

肉末韭菜炒腐竹

材料

腐竹300克，猪瘦肉100克，韭菜250克，盐、鸡精、食用油各适量

做法

1. 猪瘦肉洗净、剁成末；韭菜洗净，切段；腐竹洗净泡发，切段。
2. 锅注油烧热，放入猪瘦肉末煸炒，装盘；锅再注油烧热，放入腐竹段爆炒，再放入韭菜段、猪瘦肉末炒匀。
3. 加盐和鸡精调味，装盘即可。

小贴士

腐竹含有丰富的蛋白质及多种营养成分，其中以谷氨酸含量最高，而谷氨酸在大脑活动中起着重要作用，所以常食用腐竹可以抗疲劳，锻炼大脑。孕妈妈适当食用此菜，有益于增进食欲。

草菇焖土豆

材料

土豆 300 克，草菇 250 克，番茄、食用油各适量，番茄酱 30 克，盐 3 克

做法

1. 土豆、草菇洗净切片，备用；番茄洗净切成滚刀块。
2. 锅中入油烧热，加入土豆片、番茄、草菇和番茄酱一起炒。
3. 加适量水焖至八成熟，放入盐调味，焖熟即可。

橙汁山药

材料

山药 300 克，橙汁 100 毫升，枸杞子 3 克，白糖适量，淀粉 25 克

做法

1. 山药洗净，去皮，切条，入沸水中煮熟，捞出，沥干水分；枸杞子稍泡备用。
2. 橙汁加热，加白糖，用水淀粉勾芡成汁。
3. 将加工的橙汁淋在山药上，腌渍入味，放上枸杞子即可。

枸杞花生烧豆腐

材料

豆腐 300 克，花生米 30 克，枸杞子 10 克，葱花少许，盐、鸡精各适量，水淀粉 10 毫升

做法

1. 豆腐洗净，切大块，下入油锅煎成金黄色；花生米炒熟备用。
2. 锅中放油烧热，煸香葱花，放豆腐块、枸杞子和适量水，煮 10 分钟后，加入盐、鸡精调味，用水淀粉勾芡后放花生米炒匀出锅即可。

核桃仁拌韭菜

材料

核桃仁 200 克，韭菜 150 克，白糖 3 克，白醋 3 毫升，盐、香油、食用油各适量

做法

1. 韭菜洗净，焯熟，切段。
2. 锅内放入油，待油烧至五成热下入核桃仁炸成浅黄色捞出。
3. 在一只碗中放入韭菜、白糖、白醋、盐、香油拌匀，和核桃仁一起装盘即成。

香干芹菜

材料

香干、芹菜各 100 克，彩椒丝 50 克，葱花、姜丝、盐、食用油、鸡精各适量

做法

1. 将芹菜去叶、洗净，在开水中略焯一下，切成寸段；香干切条。
2. 热油加葱花、姜丝炝锅，加入香干煸香，再下芹菜段和彩椒丝翻炒至熟，最后加盐、鸡精调味即可。

枸杞大白菜

材料

大白菜 500 克，枸杞子 20 克，盐 3 克，鸡精 2 克，上汤适量，水淀粉 15 毫升

做法

1. 将大白菜洗净切片；枸杞子入清水中浸泡后洗净。
2. 锅中倒入上汤煮开，放入大白菜煮至软，捞出放入盘中。
3. 汤中放入枸杞子，加盐、鸡精调味，用水淀粉勾芡，浇淋在大白菜上即成。

黄豆芽拌荷兰豆

材料

黄豆芽100克，荷兰豆80克，菊花瓣10克，彩椒丝、盐、味精、酱油、香油各适量

做法

1. 黄豆芽洗净，放入沸水中焯熟，沥干水分，装盘；荷兰豆洗净，放入沸水中烫熟；菊花瓣洗净，放入沸水中焯一下。
2. 将盐、味精、酱油、香油调匀，淋在黄豆芽、荷兰豆上拌匀，撒上菊花瓣、彩椒丝即可。

玉米炒鸡丁

材料

鸡胸肉150克，玉米100克，彩椒50克，食用油、鸡精、姜末、盐各适量

做法

1. 鸡胸肉洗净切丁；彩椒洗净去蒂、籽，切丁。
2. 将鸡胸肉加盐、姜末腌入味，于锅中滑炒至熟后捞起待用。
3. 油锅烧热，放入玉米、彩椒炒香，再入鸡丁炒入味，调入盐、鸡精，即可。

芋头南瓜煲

材料

芋头、南瓜各200克，炸花生米50克，葱油、盐、味精、鸡精、淡奶、鸡汤各适量

做法

1. 芋头和南瓜去皮洗净，切长条状，芋条蒸熟，南瓜入油锅炸熟，沥干油分；花生米拍碎。
2. 砂锅上火，放入芋条、南瓜条，加入鸡汤，调入盐、味精、鸡精、淡奶，用小火煲熟，待鸡汤快收干时撒上花生米，淋入葱油即可盛盘。

黄花菜鱼头汤

材料

鳙鱼头 100 克，红枣 15 克，黄花菜 15 克，白芷 3 克，苍耳子 2 克，白术 3 克，姜末 5 克，食用油、盐各适量

做法

1. 将鳙鱼头洗净，锅内放油，烧热后把鱼头两面稍煎一下，盛出备用；红枣洗净，去核。
2. 将黄花菜、白术、苍耳子、白芷洗净，与鱼头、红枣、姜末等放入砂锅中，加适量清水，以小火炖煮 2 个小时，加盐调味即可。

洋葱炒猪肝

材料

猪肝、洋葱各 150 克，酱油、香油各 5 毫升，葱段、姜、彩椒各 5 克，食用油、盐、味精各适量

做法

1. 猪肝洗净，切小块，加盐、味精、酱油腌15 分钟；姜、彩椒、洋葱洗净，均切片。
2. 锅置火上，放油烧至六成热，下入彩椒片、姜片、葱段炒香，放入猪肝炒熟，加洋葱炒香，淋入香油翻炒均匀，出锅盛盘即可。

韭菜炒鸡蛋

材料

鸡蛋 4 个，韭菜 150 克，盐 3 克，味精 1 克，食用油适量

做法

1. 韭菜洗净，切成碎末备用。
2. 鸡蛋打入碗中，搅散，加入韭菜末、盐、味精搅匀备用。
3. 锅置火上，注入油，将备好的鸡蛋液入锅中煎至两面金黄色即可。

粉丝蒸大白菜

材料
粉丝 200 克，大白菜 100 克，蒜蓉 20 克，枸杞子 10 克，葱花、盐、味精、香油各适量

做法
1. 粉丝洗净泡发；枸杞子洗净；大白菜洗净切成大片。
2. 将大片的大白菜垫在盘中，再将泡好的粉丝、蒜蓉及味精、盐置于大白菜上。
3. 将备好的材料入锅蒸 10 分钟，取出，淋上香油，撒上葱花即成。

小贴士
　　大白菜食法颇多，无论是炒、熘、烧、煎、烩、扒、凉拌或腌制，都能做成美味佳肴。它同香菇、火腿、虾仁、肉、板栗等同烧，味道更好。隔夜的熟白菜和未腌透的白菜不宜食用，以免引起胃寒气虚等症状。

大白菜包肉

材料
大白菜 300 克，猪肉末 150 克，酱油 6 毫升，味精、盐各 3 克，香油、葱花、姜末、淀粉各适量

做法
1. 大白菜择洗干净；猪肉末加上葱末、姜末、盐、味精、酱油、淀粉搅拌均匀成肉馅，将调好的肉馅放在菜叶中间，包成长方形。
2. 将包好的肉放入盘中，入蒸锅用大火蒸 10 分钟至熟，取出淋上香油即可食用。

小贴士
　　大白菜营养丰富，除含脂肪、粗纤维等，还含丰富的维生素，其维生素 C、维生素 B_2 的含量比苹果、梨分别高 5 倍、4 倍，微量元素锌高于肉类，并含有能抑制亚硝酸胺吸收的钼。常食可增加孕妈妈抗感染的能力。

金针菇鸡丝汤

材料

鸡胸肉 200 克，金针菇 150 克，黄瓜 20 克，高汤、枸杞子各适量，盐 3 克

做法

1. 将鸡胸肉洗净切丝；金针菇洗净切段；黄瓜洗净切丝备用。
2. 汤锅上火倒入高汤，调入盐，放入鸡胸肉、金针菇煮熟，撒入黄瓜丝、枸杞子即可。

小贴士

　　金针菇中含有的人体必需氨基酸成分较全，其中赖氨酸和精氨酸含量尤其丰富，且含锌量比较高，对增强智力尤其是对胎儿的发育有良好的作用，人称"增智菇"，它还含有一种叫朴菇素的物质，可以增强机体对癌细胞的抗御能力。

枸杞莲枣鸡汤

材料

鸡肉 350 克，枸杞子 10 克，红枣 5 颗，干莲子 8 个，盐 3 克，味精 2 克，食用油、葱末、姜末、青菜各适量

做法

1. 将鸡肉洗净斩块汆水；青菜、枸杞子、红枣、干莲子洗净备用；青菜烫熟。
2. 净锅上火倒入食用油，放入葱末、姜末炝香，下入鸡块煸炒，倒入水烧沸，下入枸杞子、红枣、干莲子煲熟，调入盐、味精，放上青菜即可。

小贴士

　　枸杞子性平，味甘，有很大的药用价值，作为食物也应用广泛，枸杞子中含有 14 种氨基酸和多种维生素、钙、铁等，对肝血不足、肾阴虚亏的孕妈妈有很好的调理作用。

熘猪肝

材料

鲜猪肝 300 克，黄瓜片、葱末、姜末、蒜片、胡萝卜片各适量，酱油 10 毫升，白糖 5 克，醋 3 毫升，盐 3 克，食用油、淀粉各适量

做法

1. 猪肝洗净切片，加盐、淀粉搅拌匀，下入五成热的油中滑散滑透，倒入漏勺备用。
2. 取小碗加入酱油、白糖、水淀粉兑成芡汁。
3. 炒锅上火烧热，加少许油，用葱末、姜末、蒜片炝锅，烹醋，下入胡萝卜片、黄瓜片煸炒片刻，再下入猪肝片，倒入芡汁，翻炒均匀，出锅装盘即可。

小贴士

猪肝含有丰富的铁、磷，是造血不可缺少的原料，还富含蛋白质、卵磷脂、微量元素和维生素 A，有助于孕妈妈补肝、养血、排毒。

橄榄菜肉末蒸茄子

材料

茄子 300 克，猪肉 200 克，橄榄菜 50 克，盐 3 克，葱、红椒各 5 克，酱油、醋各适量

做法

1. 猪肉洗净，切末；茄子去蒂洗净，切条；橄榄菜洗净，切末；葱洗净，切段；红椒去蒂洗净，切圈。
2. 锅入水烧开，放入茄子焯烫片刻，捞出沥干，与肉末、橄榄菜、盐、酱油、醋混合均匀，装盘，放上葱段、红椒圈，入锅蒸熟即可。

小贴士

茄子属于寒凉性质的食物，在夏天食用，有利于清热解暑，健脾开胃。茄子含有 B 族维生素、维生素 E、蛋白质、脂肪、皂角苷等成分，具有降低孕妈妈体内胆固醇的功效。

土豆红烧肉

材料

五花肉 400 克，土豆 200 克，盐 3 克，鸡精 2 克，香菜 10 克，食用油、白糖、酱油、醋、水淀粉各适量

做法

1. 五花肉洗净，切块；土豆去皮洗净，切块；香菜洗净，切段。
2. 锅下油烧热，放入五花肉翻炒片刻，再放入土豆一起炒，加盐、鸡精、白糖、酱油、醋炒至八成熟时，加适量水淀粉焖煮至汤汁收干，装盘，用香菜点缀即可。

小贴士

　　土豆含有的营养非常的全面，膳食纤维尤其丰富，有促进胃肠蠕动的作用，可帮助孕妈妈预防便秘。

鱼香肉丝

材料

猪肉丝 100 克，冬笋丝 30 克，黑木耳丝 20 克，姜末、葱末、蒜末各 15 克，彩椒丝 10 克，酱油 10 毫升，醋、水淀粉各 8 毫升，盐、鸡精各 3 克，白糖 5 克，食用油适量

做法

1. 将酱油、醋、水淀粉、白糖、盐、鸡精兑成调味汁；将猪肉丝用少量盐、鸡精、水淀粉腌好备用。
2. 炒锅上火烧热，加油，倒入肉丝煸炒断生，下入姜末、葱末、蒜末、冬笋丝、黑木耳丝、彩椒丝继续煸炒出香味，加入调味汁，烧开后翻炒几下即可出锅。

小贴士

　　鱼香肉丝咸甜酸辣兼备，姜葱蒜香气浓郁，非常开胃，适合孕早期胃口不好的孕妈妈食用。

蒜薹炒鸭片

材料

鸭肉 300 克，蒜薹 100 克，姜 1 块，盐 3 克，味精 1 克，酱油 5 毫升，食用油、淀粉各少许

做法

1. 鸭肉洗净切片备用；姜洗净拍扁，加酱油略浸，挤出姜汁，与淀粉拌入鸭片备用。
2. 蒜薹洗净切段，下油锅略炒，加盐、味精，炒匀备用。
3. 油锅烧热，下姜爆香，倒入鸭片，改小火炒散，再改大火，倒入蒜薹炒匀即成。

小贴士

　　蒜薹含有辣素，具有很强的杀菌能力，其中的蒜素可以抑制多种病菌的产生和繁殖。而蒜薹外皮含有丰富的膳食纤维，能刺激排便，调节孕妈妈的身体功能。

蒜苗炒鸭片

材料

鸭肉 250 克，蒜苗 250 克，彩椒、白糖各 5 克，香油 10 毫升

做法

1. 鸭肉洗净煮熟，待凉后去骨切薄片。
2. 蒜苗和彩椒分别洗净，蒜苗切斜段，红椒切丝，入沸水中烫熟后，捞出备用。
3. 鸭肉片放入碗中，加白糖拌匀，再加入蒜苗和彩椒拌匀，淋上香油即可。

小贴士

　　蒜苗中的含硫化合物能促进肠内产生一种酶或称为蒜臭素的物质，可以通过增强人体免疫能力、阻断脂质过氧化形成及抗突变等多条途径，消除在肠里的物质，从而降低肠道癌的发病率。此外，蒜含有的微量元素硒是人体非常有益的元素。

板栗煨鸡

材料

带骨鸡肉450克，板栗肉150克，清汤、葱段、姜片、酱油、盐、淀粉、食用油、香油各适量

做法

1. 鸡肉洗净剁成块；油锅烧热，入板栗炸呈金黄色，倒入漏勺沥油。
2. 再热油锅，下鸡块煸炒，放姜片、盐、酱油、清汤，焖3分钟，加板栗肉，续煨至软烂，加葱段，用淀粉勾芡，淋入香油，出锅装盘即成。

小贴士

　　煮熟后的板栗富含钾，也含有维生素C、铜、镁、叶酸、维生素B$_1$、铁等营养素，营养价值很高，适宜孕妈妈食用。

板栗烧鸡翅

材料

鸡翅300克，板栗100克，盐、味精各2克，酱油、蚝油各5毫升，食用油适量

做法

1. 鸡翅洗净，剁成小块，用盐、酱油腌渍；板栗焯水后去皮。
2. 油锅烧热，下鸡翅滑熟，放入板栗翻炒片刻。
3. 调入味精、蚝油和适量清水烧开，盖锅盖焖烧入味，收汁装盘即可。

小贴士

　　鸡翅中含有较多的胶原蛋白，可增强皮肤弹性，具有美容养颜作用，而且肉质鲜嫩多汁，适合孕妈妈食用。板栗虽然营养成分很高，但是切忌一次食用过多，否则容易出现腹胀的情况。

麻酱莴笋

材料

莴笋 300 克，芝麻酱 30 克，白糖、盐各 3 克，鸡精 1 克

做法

1. 将莴笋去皮洗净，切成条，用沸水氽烫一下，捞出来沥干水分。
2. 将芝麻酱放入碗中，加适量温水，再加入盐和白糖、鸡精调匀。
3. 将调好的芝麻酱淋在莴笋上，拌匀即可。

小贴士

　　莴笋富含维生素 K，是补充维生素 K 的极好食材，孕妈妈可多食用此菜有利于胎儿的骨骼发育。

红白豆腐

材料

豆腐 150 克，猪血 150 克，彩椒 1 个，葱末 20 克，姜 5 克，盐、鸡精、食物油各适量

做法

1. 豆腐、猪血洗净，切成小块；彩椒、姜洗净切成片。
2. 锅中加水烧开，下入猪血块、豆腐块焯水后，捞出。
3. 将葱末、姜片、彩椒片下入油锅中爆香后，再倒入猪血块、豆腐块稍炒，加入适量清水焖熟后，再加入盐、鸡精调味即可。

小贴士

　　猪血味咸，性平，无毒，有生血、解毒的功效。豆腐富含大豆蛋白和卵磷脂，能保护血管，降低血脂，降低乳腺癌的发病率，同时还有益于胎儿神经、血管、大脑的发育。

马蹄炒虾仁

材料

虾仁 250 克，马蹄 200 克，盐、味精各 2 克，荷兰豆、水淀粉、食用油各适量

做法

1. 虾仁洗净备用；马蹄去皮洗净，切片；荷兰豆去头尾洗净，切段。
2. 热锅下油烧热，入虾仁、马蹄、荷兰豆炒至五成熟时，加盐、味精调味。
3. 起锅前，用水淀粉勾芡即可装盘。

小贴士

马蹄中含有丰富的钾、磷、蛋白质、膳食纤维，具有开胃解毒、消化积食、补益肠胃的作用。而且马蹄质地脆甜，多汁味美，搭配虾仁烹饪，是一道老少皆宜的美食，尤其对孕妈妈十分有益。

油爆虾球

材料

虾仁 300 克，青椒、红椒各 3 克，黄瓜、食用油各适量，盐 3 克，鸡精 2 克

做法

1. 虾仁处理干净备用；青椒、红椒均去蒂洗净，切圈；黄瓜洗净，切片。
2. 油锅烧至五成热，放入虾仁翻炒一会儿，再放入青椒、红椒同炒，加盐、鸡精调味，炒熟装盘。
3. 将切好的黄瓜片摆盘即可。

小贴士

虾仁肉质雪白，鲜嫩美味，而且其营养价值极高，具有提高孕妈妈的机体免疫力和抗衰老的功效。此菜微辣，孕妈妈要控制食用量。

土豆小炒肉

材料

土豆 250 克，猪肉 100 克，水淀粉 10 毫升，彩椒 10 克，盐、味精各 3 克，酱油 15 毫升，食用油适量

做法

1. 土豆洗净，去皮，切小块；彩椒洗净，切菱形片。
2. 猪肉洗净，切片，加盐、水淀粉、酱油拌匀备用。
3. 油锅烧热，入彩椒炒香，放肉片煸炒至变色，放土豆炒熟，入酱油、味精调味。

小贴士

　　土豆，性平味甘，含有丰富的 B 族维生素及大量的优质纤维素，还含有微量元素、氨基酸、蛋白质、脂肪和优质淀粉等营养素，适宜孕妈妈食用。

碧绿莲蓬扣

材料

五花肉 200 克，莲子 20 克，梅菜、上海青各 50 克，番茄酱适量

做法

1. 莲子洗净，泡 3 个小时，挑去莲心；梅菜洗净切碎；五花肉洗净，煮 40 分钟捞出，切薄片；上海青洗净焯水。
2. 五花肉包入莲子卷成卷装盘，铺上梅菜，上锅蒸 30 分钟。
3. 盘中铺上上海青，将五花肉卷、梅菜倒扣在盘中，淋上番茄酱即可。

小贴士

　　莲子，性平，味甘，营养价值很高，莲子含有丰富的蛋白质、脂肪、钙、磷和钾含量也非常丰富，具有固精安神、健脾止泻和稳定心神的作用。

香炒白菜

材料

白菜梗 400 克，花椒 1 克，酱油 5 毫升，味精 2 克，盐 3 克，姜 10 克，彩椒 3 克，葱丝、食用油各适量

做法

1. 白菜梗洗净，切竖条；姜去皮，洗净切丝；彩椒去籽，洗净切丝。
2. 锅中倒油烧热，下花椒、姜丝和彩椒丝、葱丝，加入白菜梗，翻炒至断生。
3. 加入盐、味精、酱油，炒匀即可。

小贴士

白菜食用价值很高，含有糖类、脂肪、蛋白质、粗纤维、钙、磷、铁、胡萝卜素、维生素 B_1、烟酸等营养素。它含有的纤维素，可增强肠胃的蠕动，帮助消化，从而减轻孕妈妈肝、肾的负担，可预防胃病的发生。

小白菜炝粉条

材料

粉条 250 克，小白菜 200 克，干红椒 10 克，酱油 5 毫升，蚝油、食用油各适量，盐 3 克，鸡精 1 克

做法

1. 将小白菜洗净，切段；粉条提前用冷水浸泡 20 分钟。
2. 炒锅注油烧热，放入干红椒爆香，再倒入粉条滑炒，加入小白菜一起快炒至熟。
3. 加入酱油、蚝油、盐和鸡精炒至入味，起锅装盘即可。

小贴士

小白菜烹饪时间不宜过长，否则会影响口感和破坏营养物质。此菜微辣，虽然有助于开胃，但孕妈妈可不要贪食。

胡萝卜牛肉丝

材料

胡萝卜 150 克，牛肉 50 克，葱花、姜末各少许，酱油 10 毫升，盐、淀粉各适量

做法

1. 牛肉洗净切丝，用葱花、姜末、酱油调味腌渍 10 分钟后再用淀粉拌匀。
2. 胡萝卜洗净去皮，切丝。
3. 炒锅中入油，将腌好的牛肉丝入油锅迅速翻炒，变色后将牛肉丝拨在炒锅的一角，沥出油来炒胡萝卜丝。
4. 胡萝卜丝变熟后混合牛肉丝一起炒匀，加盐调味即可。

小贴士

　　胡萝卜含有丰富的 β - 胡萝卜素，有利于人体生成维生素 A，牛肉油脂还有利于人体对胡萝卜中维生素 E 的吸收。

腰果炒芹菜

材料

芹菜 200 克，百合 100 克，腰果 100 克，彩椒、胡萝卜各 50 克，食用油、水淀粉各适量，盐 3 克，鸡精 2 克，白糖 3 克

做法

1. 芹菜洗净，切段；百合洗净，切片；彩椒去蒂洗净，切片；胡萝卜洗净，切片；腰果洗净。
2. 锅下油烧热，放入腰果略炸一会儿，再放入芹菜、百合、彩椒、胡萝卜一起炒，加盐、鸡精、白糖炒匀，待熟用水淀粉勾芡。

小贴士

　　腰果性平，味甘，富含大量的蛋白质、淀粉、糖类、钙、镁、钾、铁和维生素，腰果中的不饱和脂肪酸，可以降低人体胆固醇，对孕妈妈的心脑血管健康极为有益。

芹菜鸡柳

材料

芹菜300克，鸡肉300克，胡萝卜1个，鸡蛋1个，姜片3片，蒜片3克，淀粉、香油、食用油、盐各适量

做法

1. 鸡肉洗净切条，加入蛋清、盐、淀粉拌匀，腌15分钟备用。
2. 芹菜洗净去筋，切菱形，加油、盐略炒，盛出；胡萝卜洗净，切片。
3. 锅烧热，下油，爆香姜片、蒜片、胡萝卜，加入鸡肉炒熟，调入香油炒匀，放入芹菜，用淀粉勾芡炒匀即成。

小贴士

　　鸡肉中蛋白质含量较高，且易被人体吸收利用，有增强体力、强壮身体的作用，孕妈妈可多食。

东安仔鸡

材料

鸡肉300克，西蓝花150克，彩椒丝、柠檬片、食用油、盐、香油、水淀粉各适量

做法

1. 西蓝花洗净，掰成朵，焯水后捞出；鸡肉洗净，汆水后取出，去骨，切块，留汤。
2. 油锅烧热，下彩椒丝煸香，入鸡块同炒，放入盐和鸡汤烧开。
3. 收汁，用水淀粉勾芡，淋入香油，装盘，用西蓝花、柠檬片围边即可。

小贴士

　　这道菜最好选用鲜嫩的小母鸡，肉质更滑嫩。煮鸡肉的时间不宜过长，刚断生即可，否则口感就老了。鸡汆烫后已经断生，所以炒的时候不需要翻炒太久，以免影响鲜嫩的口感。

魔芋丝炖老鸭

材料

鸭肉 400 克，魔芋丝 100 克，枸杞子 30 克，姜片 20 克，盐 3 克，鸡精 2 克

做法

1. 将鸭肉、魔芋丝、枸杞子分别洗净；魔芋丝浸泡一会。
2. 鸭肉汆水，捞起控干，剁块。
3. 将鸭肉块、魔芋丝、枸杞子、姜片一起倒入砂锅中，加适量清水，大火煮开后下盐、鸡精，转小火炖 30 分钟即可。

小贴士

魔芋性寒，味辛，有毒，是非常有益的碱性食品，能够减肥健身、宽肠通便，魔芋中含有的葡萄甘露聚糖具有强大的膨胀力，所以容易给人以饱腹感。魔芋还有热量低的特性，可以控制体重，从而达到减肥健美的作用。

芋头排骨汤

材料

猪排骨 350 克，芋头 200 克，白菜 100 克，枸杞子 20 克，葱花 10 克，酱油 6 毫升，味精 1 克，盐 3 克，食用油适量

做法

1. 猪排骨洗净，剁块，汆烫后捞出；芋头去皮，洗净；白菜洗净，切碎。
2. 锅倒油烧热，放入猪排骨煎炒至黄色，加入酱油炒匀后，加入沸水，撒入枸杞子，炖 1 个小时，加入芋头、白菜煮熟。
3. 加入盐、味精调味，撒上葱花起锅即可。

小贴士

芋头，性平，味甘、辛，富含蛋白质、钙、磷、铁、钾、镁、钠、胡萝卜素、维生素 C、B 族维生素、皂角苷等多种成分，能增强孕妈妈的免疫能力。

蛋黄鸭脯

材料

鸭脯 300 克，咸蛋黄 50 克，盐、白糖、味精、姜片、葱段各适量

做法

1. 鸭脯洗净，去骨，下入盐、白糖、味精、姜片、葱段腌约 1 个小时。
2. 将咸蛋黄塞入鸭脯内，用纱布包好，上笼用大火蒸 45 分钟后取出。
3. 待冷却后将鸭脯肉切片装盘即可。

小贴士

　　咸蛋黄富含珍贵的脂溶性维生素、单不饱和脂肪酸、磷、铁等营养物质，对孕妈妈的调养十分有益。但因胆固醇的含量也比较高，所以对于一般人来说，一天 1～2 个蛋黄就够了，不能太多。

东坡坛子肉

材料

五花肉 300 克，洋葱 200 克，盐 3 克，姜、蒜各 5 克，鸡精 2 克，白糖、酱油、水淀粉、食用油、香菜段各适量

做法

1. 五花肉洗净，切块，入蒸锅蒸熟，备用；洋葱洗净，切丝；姜、蒜均去皮洗净，切末。
2. 热锅下油，入姜末、蒜末爆香，入洋葱，加入盐、鸡精调味，炒熟盛入坛中，将五花肉扣在上面。
3. 另起锅下油烧热，入白糖烧化，加鸡精、酱油、盐、水淀粉一起做成味汁，淋在五花肉上，撒上香菜段即可。

小贴士

　　洋葱富含钾、维生素 C、叶酸、锌、硒及膳食纤维，可促进食欲，帮助胃肠消化。

娃娃菜炒五花肉

材料

五花肉 200 克，娃娃菜 200 克，红椒少许，盐 3 克，葱 5 克，鸡精 2 克，酱油、食用油、醋各适量

做法

1. 五花肉洗净，切片；娃娃菜洗净，切条；红椒去蒂洗净，切段；葱洗净，切段。
2. 热锅下油，放入五花肉稍微炸一会，再放入娃娃菜、红椒一起炒，加盐、鸡精、酱油、醋炒至入味，待熟，放入葱段略炒，起锅装盘即可。

小贴士

娃娃菜是从日韩引进的一种新型蔬菜，与大白菜长相类似，但是价格相差很大，所以市场上很多人用剥了外叶的大白菜冒充娃娃菜，故在选购娃娃菜的时候应当注意辨别。

娃娃菜蒸腊肉

材料

娃娃菜 500 克，腊肉 50 克，盐 3 克，味精 2 克，高汤、红椒各适量

做法

1. 娃娃菜洗净沥干，竖切成 6 瓣，装盘备用；腊肉洗净切薄片，摆在娃娃菜上；红椒去籽，洗净切圈，摆在腊肉上。
2. 将盐、味精放入高汤中搅匀，浇在盘中。
3. 将盘子放入蒸锅中蒸 7 分钟即可。

小贴士

腊肉中磷、钾、钠的含量丰富，还含有脂肪、蛋白质等元素，配合娃娃菜的清爽，不仅营养丰富，而且美味十足，适宜孕妈妈食用。

肉末炒粉条

材料

粉条 200 克，猪瘦肉 100 克，葱、盐、淀粉、食用油、辣椒酱、酱油各适量

做法

1. 猪瘦肉洗净，剁成末，用酱油、淀粉、食用油拌匀；粉条泡发，洗净；葱洗净，切碎。
2. 锅中加水烧开，倒入粉条煮至熟，过冷水冲洗后，捞出沥干水分。
3. 锅倒油烧热，下入肉末炒至熟后，加入酱油、粉条，调入盐快速翻炒，倒入辣椒酱翻炒均匀起锅，撒上葱花即可。

小贴士

　　粉条烹饪久了会黏在一起，所以在炒制的时候，翻炒速度一定要快，否则影响口感。此外，翻炒的时候最好选用筷子，可避免锅铲翻炒造成块粘黏。

蒜蓉娃娃菜

材料

娃娃菜 300 克，蒜 30 克，彩椒 10 克，高汤、水淀粉、葱花、食用油各适量，盐 3 克

做法

1. 娃娃菜洗净；蒜去皮，洗净切末；彩椒去籽，洗净切末。
2. 锅中倒适量油，烧至五成热时下蒜末煸香，倒在娃娃菜上；锅留底油倒入高汤和彩椒，加盐调味，再加水淀粉勾芡。
3. 将芡汁浇在娃娃菜上，入蒸锅蒸 7 分钟，撒上葱花即可。

小贴士

　　蒜与娃娃菜一起食用，会产生一种叫作"蒜胺"的物质，可增强娃娃菜中维生素 B_1 的作用。将蒜掰成瓣，洗净后放在台板上，用刀平拍，蒜皮很容易就剥落了。

肉丝干豆角

材料

干豆角 250 克，猪肉 100 克，彩椒 10 克，盐 3 克，蒜 5 克，鸡精 2 克，食用油、酱油、醋、水淀粉各适量

做法

1. 猪肉洗净，切丝；干豆角洗净泡发，切段；蒜去皮洗净，切末；彩椒去蒂洗净，切条。
2. 热油锅，放入猪肉炒至变色，再放入干豆角、彩椒、蒜末一起翻炒，炒至熟时加盐、鸡精、酱油、醋调味，用水淀粉勾芡即可。

小贴士

豆角有利于健胃补肾、清热解毒、安养精神、清热化湿，而且干豆角四季皆宜，制作方法简单，十分有益身体健康，比之新鲜豆角，营养流失较小，并延长了保质期。

茶树菇炒五花肉

材料

五花肉 300 克，茶树菇 150 克，蒜苗、彩椒片各 20 克，盐、蒜、酱油、食用油、豆豉酱各适量

做法

1. 五花肉、彩椒洗净，切片；茶树菇洗净；蒜去皮洗净，切末；蒜苗洗净，切段。
2. 锅下油烧热，入蒜爆香，放入五花肉炒至五成熟，放入茶树菇、彩椒片翻炒，加盐、酱油、豆豉酱调味，待熟，放入蒜苗略炒，起锅盛盘即可。

小贴士

茶树菇含蛋白质、膳食纤维、糖类、钾、钠、钙、铁等营养素，具有补肾滋阴、健脾益胃、提高人体免疫力、增强人体抗病能力的功效。和五花肉同食，有增强孕妈妈免疫力的作用。

肉松扒时蔬

材料

猪肉末、菜心各 200 克，鸡蛋黄 1 个，盐 3 克，红椒 10 克，姜末、蒜末、酱油、白糖、芝麻酱、食用油各适量

做法

1. 将菜心洗净，切段。
2. 锅入水烧沸，分别将菜心、红椒汆熟后，捞出沥干摆盘。
3. 起油锅，入姜末、蒜末爆香，放入猪肉末，再放入其余调味料，做成肉松，盛在盘中的菜心中间，再将鸡蛋黄放在肉松上，蒸熟即可。

小贴士

　　菜心品质柔嫩，风味可口，营养丰富，与猪肉搭配食用，能补虚强身、滋阴润燥，是孕妈妈的滋补佳品。

茶树菇红烧肉

材料

红烧肉 150 克，茶树菇 150 克，红椒、青椒各 10 克，葱 15 克，盐 3 克，食用油适量

做法

1. 将茶树菇洗净，切段；红烧肉切片；红椒、青椒洗净，切碎；葱洗净，切段。
2. 锅中倒油烧热，放入红椒、青椒、葱爆香。
3. 再放入茶树菇、红烧肉炒匀后，掺适量水烧至水快干时，调入盐即可。

小贴士

　　此菜虽然开胃，但是微辣，孕妈妈不可贪食。新鲜的茶树菇放在冰箱保存时要经常拿出来透气，千万不可食用霉变的茶树菇。

莴笋焖腊鸭

材料
腊鸭、莴笋各 200 克，盐 3 克，味精 2 克，食用油适量

做法
1. 腊鸭洗净砍成小块；莴笋去皮洗净，切成滚刀块。
2. 锅中加油烧热，下入腊鸭炒至干香后，捞出备用。
3. 瓦罐中加入腊鸭、莴笋及适量清水，以大火煲开，再转小火煲至汤浓，加盐、味精调味即可。

小贴士
莴笋性凉，味甘，含有多种维生素和矿物质，其中钾的含量比较高，可促进新陈代谢，减少压力，莴笋还含有大量的膳食纤维，经常食用可促进孕妈妈的胃肠蠕动，帮助消化。

菠萝煲乳鸽

材料
乳鸽 350 克，菠萝 150 克，火腿 60 克，芡实 50 克，盐、味精、高汤、青菜各适量

做法
1. 将乳鸽洗净斩块；菠萝洗净切小块；火腿切片；青菜、芡实洗净备用。
2. 净锅上火倒入高汤，加入乳鸽、芡实、菠萝和适量开水煲至熟，调入盐、味精，撒入火腿即可。

小贴士
菠萝性平，味甘，含有大量的果糖和葡萄糖及人体所需的各种维生素和矿物质，并且味道酸甜可口，香甜多汁，有健胃消食、补脾止泻、清胃解渴等功效，与乳鸽一起煲汤也是一道滋补佳品。

彩椒炒腰花

材料

猪腰 300 克，彩椒 100 克，姜、胡萝卜各 50 克，蒜 5 克，葱 1 根，酱油 5 毫升，盐、鸡精、蚝油、香油、食用油各适量

做法

1. 将猪腰洗净切成腰花，用少许盐、酱油腌渍 15 分钟；彩椒去蒂洗净斜切片；姜、胡萝卜洗净切料花，葱、蒜洗净切末。
2. 锅内加入油烧至五成热时倒入腰花滑油断生，捞出控油，锅中留少许底油烧热，放入姜花、蒜末、葱末爆香，加入彩椒片、胡萝卜料花、盐炒至八成熟，倒入腰花，加鸡精、蚝油炒匀，最后淋入香油即可。

小贴士

　　这道菜富含维生素 A 和维生素 C，能增进孕妈妈的食欲，预防便秘和消化不良。

肉丝雪里蕻炒年糕

材料

年糕 200 克，猪肉 100 克，雪里蕻 50 克，盐 3 克，味精 1 克，酱油 5 毫升，干红椒 5 克，食用油适量

做法

1. 猪肉洗净，切丝；年糕洗净，切成薄片，入锅中煮软后，捞出；雪里蕻洗净，切碎；干红椒洗净，切段。
2. 炒锅注油烧热，放入干红椒段爆炒，放入肉丝拌炒，加入盐、酱油炒至肉丝呈金黄色，放入年糕片、雪里蕻末翻炒，再加入味精起锅装盘即可。

小贴士

　　雪里蕻含有大量的维生素 C，是活性很强的还原性物质，可增加孕妈妈大脑内的含氧量，有提神醒脑、缓解疲劳的作用。

清炒芦笋

材料

芦笋 350 克，盐 3 克，鸡精 2 克，醋 5 毫升，枸杞子少许，食用油适量

做法

1. 将芦笋洗净，沥干水分；枸杞子洗净，备用。
2. 炒锅加入适量油烧至七成热，放入芦笋翻炒，放入适量醋炒匀。
3. 最后调入盐和鸡精，炒入味后即可装盘撒上枸杞子。

小贴士

　　芦笋的蛋白质组成具有人体所必需的各种氨基酸，具有低糖、低脂肪、高维生素的特性，这很符合现代人对食物养生的要求，而其所含的大量叶酸对孕妈妈极为有利，所以建议孕妈妈可适当多食用芦笋。

冬笋烧肉

材料

五花肉 200 克，冬笋 100 克，水淀粉、酱油各 15 毫升，盐、葱花、白糖、食用油各适量

做法

1. 冬笋洗净切片；五花肉洗净切块，用水淀粉腌渍，上浆。
2. 热锅上油，放酱油、白糖炒匀，入肉块上色，炸至肉金黄色时入冬笋片、盐翻炒，再加开水覆过肉，加盖用中小火炖至肉烂笋香，汤汁黏稠，撒上葱花即可。

小贴士

　　冬笋蛋白质比较优越，并含有人体必需的赖氨酸、色氨酸、苏氨酸，以及在蛋白质代谢过程中占有重要地位的谷氨酸和有维持蛋白质构型作用的胱氨酸，是孕妈妈保健蔬菜的佳选。

PART 2

月子期

月子期在医学上指的是产褥期，主要是指从分娩结束到产妇身体恢复至孕前状态的一段时间。这段时间，产妇急需补充营养，产褥期的营养好坏，直接关系到产妇的身体康复及新生儿的健康成长。月子期的保健措施多种多样，其中最重要的一条就是加强饮食营养，要多吃各种富有营养的食物。

百合红枣排骨汤

材料

猪排骨 200 克，百合 35 克，莲子 25 克，红枣 25 克，胡萝卜 60 克，盐 3 克

做法

1. 百合、莲子、红枣分别洗净；莲子泡发。
2. 猪排骨洗净斩件，用热水汆烫后洗净；胡萝卜洗净去皮后切小块，备用。
3. 将百合、莲子、红枣、猪排骨、胡萝卜和适量水一起放入锅中，大火煮滚后转小火，熬煮约 1 个小时，加入盐调味即可。

板栗桂圆炖猪蹄

材料

猪蹄 1 只，板栗肉 50 克，桂圆肉 10 克，盐 3 克

做法

1. 板栗肉入滚水煮 5 分钟，捞起剥膜，洗净沥干；猪蹄斩件，入滚水汆烫捞起，再冲净。
2. 将板栗肉、猪蹄盛入炖锅，加水盖过材料，以大火煮开，转小火炖 2 个小时。
3. 桂圆肉剥散，加入续煮 5 分钟，加盐调味即可。

板栗排骨汤

材料

猪排骨 300 克，板栗 100 克，胡萝卜 1 根，盐 3 克

做法

1. 板栗入沸水中用小火煮 5 分钟，捞起剥壳。
2. 猪排骨放入沸水中汆烫，捞起，洗净；胡萝卜削皮，洗净切块。
3. 将以上材料放入锅中，加水盖过材料，以大火煮开，转小火煮 2 个小时，加盐调味即可。

白果排骨汤

材料

猪排骨 300 克，白果 30 克，姜块、盐、味精各适量

做法

1. 猪排骨洗净斩段，姜块洗净切片。
2. 白果剥去壳，剥去红衣后加水煮 15 分钟。
3. 锅中放入猪排骨、姜片和适量水，用小火焖煮 1 个小时后，再加入白果，煮熟，调入盐、味精即可。

冬瓜鸭肉煲

材料

鸭肉 300 克，冬瓜 200 克，盐少许，枸杞子适量

做法

1. 将鸭肉斩成块；枸杞子洗净；冬瓜去皮、籽洗净切块备用。
2. 净锅上火倒入水，下入鸭肉、冬瓜，大火煮沸，调入盐煲至材料熟透即可。

桂圆山药红枣汤

材料

新鲜山药 150 克，桂圆肉 100 克，红枣 6 颗，冰糖适量

做法

1. 山药削皮洗净，切小块；红枣洗净。
2. 锅中加 1000 毫升水煮开，加入山药煮沸，再下红枣。
3. 待山药熟透、红枣松软，将桂圆肉剥散加入，待桂圆的香甜味渗入汤中即可熄火，加冰糖调味。

东坡肉

材料

五花肉 200 克，西蓝花 30 克，白糖、酱油、葱段、姜各适量

做法

1. 西蓝花洗净，掰成小朵，焯熟；五花肉洗净，入锅煮至八成熟；姜洗净拍烂。
2. 大砂锅中垫上一个小竹架，铺上葱段、姜末，摆上五花肉，加酱油、白糖和适量水。
3. 盖上盖，焖煮 2 个小时，至皮酥肉熟时盛盘，摆上西蓝花即可。

小贴士

猪肉含有丰富的优质蛋白和人体必需的脂肪酸，能改善缺铁性贫血。此菜色香味俱全，入口软糯，肥而不腻，非常适合女性月子期的身体滋补。

茶树菇鸭汤

材料

鸭肉 250 克，茶树菇少许，鸡精、盐各适量

做法

1. 鸭肉斩成块，洗净后焯水；茶树菇洗净。
2. 将除盐、鸡精外的所有材料放入盅内蒸 2 个小时。
3. 放入盐、鸡精调味即可。

小贴士

鸭肉属于热量低、口感较清爽的白肉，特别适合夏天坐月子食用。汤中另一味食材茶树菇是以富含丰富氨基酸和多种营养成分出名的食用菌类，能吸收汤中多余的油分，使汤水喝起来清爽不油腻。

虫草花炖老鸭

材料

老鸭肉 200 克，杏仁 20 克，虫草花 5 克，百合 20 克，盐 2 克

做法

1. 老鸭肉洗净，斩块；虫草花、百合、杏仁分别洗净。
2. 锅入水烧沸，放老鸭肉氽去血水后，捞出；另起一锅，放鸭肉、虫草花、百合，加适量清水一起炖至肉熟，加盐调味即可。

小贴士

　　虫草花性平，含有丰富的蛋白质、氨基酸以及虫草素、甘露醇、多糖类等成分，对增强和调节人体免疫功能、提高人体抗病能力有一定的作用，故此汤可有助于产后恢复。

冬瓜烧肉

材料

五花肉 200 克，冬瓜 100 克，盐 3 克，酱油、鲜汤各适量

做法

1. 五花肉洗净，在表皮上划回字花刀；冬瓜去皮、去籽，洗净，切条状。
2. 锅烧热，倒入鲜汤烧沸，放入五花肉、冬瓜，加盐、酱油调味，用小火慢慢烧熟，盛盘即可。

小贴士

　　冬瓜中的膳食纤维含量很高，可以改善人体的血糖水平，刺激肠道的蠕动，使肠道堆积的致癌物质尽快地排泄出去，具有消肿作用，与五花肉同食，既可滋补复原，又可帮助产妇恢复身材。

板栗红烧肉

材料

五花肉 200 克，板栗 150 克，酱油、食用油、白糖、葱段、姜片各适量

做法

1. 五花肉洗净切块，氽水后捞出沥干；板栗煮熟，去壳取肉备用。
2. 油锅烧热，放入姜片、葱段爆香，放入肉块煸炒，再加入酱油、白糖、清水烧沸，撇去浮沫，炖至肉块酥烂，倒入板栗，待汤汁浓稠，拣去葱段、姜片即可。

小贴士

　　板栗富含蛋白质、脂肪、钙、磷、铁、锌、多种维生素等营养成分，有健脾养胃、补肾强筋、活血止血之功效。产妇常吃板栗不仅可以健身壮骨，而且还有消除疲劳的作用。

鲍汁扣花菇

材料

花菇 1 个，西蓝花 200 克，盐 2 克，白糖 5 克，鲍汁、姜粉各适量

做法

1. 花菇洗净泡发；西蓝花洗净，掰成小朵备用。
2. 将花菇放入锅中，加水煮约 10 分钟，捞出沥干；西蓝花用开水焯熟。
3. 将花菇、鲍汁、盐、白糖、姜粉一起放入锅中炖煮 15 分钟，出锅，同西蓝花一起摆盘即可。

小贴士

　　花菇是香菇中的上品，是近几年兴起的一种食用菌类，人们通过控制温度、湿度、光照等自然条件，改变香菇的正常发育，使菌盖形成一种裂变的花纹。因为其生长不添加任何激素和农业肥料，所以是滋补佳选。

田园小炒

材料

芹菜 100 克，鲜香菇、鲜草菇各 50 克，胡萝卜 50 克，圣女果 20 克，盐、食用油各适量

胡萝卜： 养肝明目，健胃消食

做法

1. 将芹菜择去叶洗净，切成 1 寸长的段，入沸水中汆烫一下，捞出来沥干水。
2. 将鲜香菇、鲜草菇、圣女果均洗净，切块；将胡萝卜洗净，切成花。
3. 锅入油烧热，放入芹菜段、胡萝卜片、香菇块、草菇块，翻炒均匀，加盐调味，爆炒 2 分钟后加入圣女果块，翻炒均匀即可。

小贴士

鲜香菇营养丰富，其蛋白质含量比一般蔬菜、水果要高；草菇能消食祛热、补脾益气、清暑滋阴等。这道菜清爽可口且热量低，很适合月子期的孕妈妈食用。

冬瓜乌鸡汤

材料

冬瓜 200 克，乌鸡 150 克，香菜梗 20 克，食用油 25 毫升，枸杞子、盐、葱、姜各 3 克

做法

1. 将冬瓜去皮、籽，洗净切片；乌鸡洗净斩块；香菜梗洗净切段备用。
2. 净锅上火倒入水，下入乌鸡汆水，捞起洗净待用。
3. 净锅上火倒入食用油，将葱、姜炝香，下入乌鸡、冬瓜煸炒，倒入水，烧沸煲至熟，调入盐，撒入香菜梗即可。

小贴士

　　乌鸡具有滋阴、补肾、养血、添精、益肝、退热、补虚作用。此外，乌鸡含铁、铜元素较高，具有补血、促进康复的作用，能调节产妇的人体免疫功能。

白萝卜炖牛肉

材料

牛肉 200 克，白萝卜 100 克，盐 3 克，香菜段 3 克

做法

1. 白萝卜洗净去皮，切块；牛肉洗净切块，汆水后沥干。
2. 锅中倒入水，下入牛肉和白萝卜煮开，转小火熬 2 个小时。
3. 加盐调味，撒上香菜即可。

小贴士

　　白萝卜有清热润肺、止咳化痰的功效，其所含的多种酶，能分解致癌的亚硝酸胺。产妇食用此汤时可加些醋，可促进营养吸收。

百合脊骨煲冬瓜

材料
猪脊骨 200 克，冬瓜 100 克，百合 50 克，枸杞子 10 克，葱 2 克，盐 3 克

做法
1. 百合、枸杞子分别洗净；冬瓜去皮洗净，切块备用；猪脊骨洗净，剁成块；葱洗净切末。
2. 锅中注水，下入猪脊骨，加盐，大火煮开。
3. 再倒入百合、冬瓜、葱末和枸杞子，转小火熬煮 2 个小时，至汤色变白即可。

小贴士
　　猪脊骨含有大量的骨髓，熬制时骨髓会随着温度的升高而释出，具有滋补肾阴，改善烦躁、肾虚耳鸣、腰膝酸痛、贫血等症的效果，煲成汤食用对产妇有很好的调补效果。

高汤炖牛腩

材料
牛腩、白萝卜各 200 克，枸杞子、高汤各适量，盐 3 克，酱油 10 毫升，食用油、葱各适量

做法
1. 牛腩洗净，切长块，用油煎黄；白萝卜洗净，切长块；枸杞子洗净；葱洗净，切段。
2. 锅内注高汤，放入牛腩、枸杞子焖煮约 20 分钟，放入白萝卜，加入盐、酱油一起焖煮至熟，撒上葱段即可。

小贴士
　　白萝卜含丰富的维生素 C 和微量元素锌，有助于增强产妇的免疫功能，提高抗病能力，其中含有的芥子油能促进胃肠蠕动，增强食欲，帮助消化，它含有的淀粉酶能分解食物中的淀粉，使之得到充分的吸收。

党参豆芽骶骨汤

材料

黄豆芽 200 克，党参 15 克，猪尾骶骨 1 副，番茄 1 个，盐 8 克

做法

1. 猪尾骶骨洗净剁段，余烫后捞出，再冲洗。
2. 黄豆芽冲洗干净；番茄洗净，切块。
3. 将猪尾骶骨、黄豆芽、番茄和党参放入锅中，加适量水以大火煮开，转用小火炖 2 个小时，加盐调味即可。

发菜炒丝瓜

材料

丝瓜 300 克，发菜 10 克，枸杞子 5 克，食用油、盐各适量

做法

1. 丝瓜削皮洗净，切滚刀块。
2. 枸杞子、发菜分别用清水浸泡。
3. 炒锅加油烧热，将丝瓜炒至七八分熟，放入枸杞子、发菜，加盐调味，炒至丝瓜熟即可。

枸杞蛋包汤

材料

鸡蛋 2 个，枸杞子 5 克，盐 3 克

做法

1. 枸杞子用水泡软。
2. 锅中加水煮开后转中火，打入鸡蛋，不要搅散。
3. 将枸杞子放入锅中和鸡蛋同煮，待蛋黄一熟加盐调味即可。

干贝蒸水蛋

材料
鸡蛋 2 个，干贝、葱花各 10 克，盐 2 克，白糖 1 克，淀粉 5 克，香油适量

做法
1. 鸡蛋在碗里打散，加入干贝和盐、白糖、淀粉搅匀。
2. 将鸡蛋放在锅里隔水蒸 12 分钟，至鸡蛋凝结后取出。
3. 将蒸好的鸡蛋洒上葱花，淋上香油即可。

三黑红糖粥

材料
黑豆 30 克，黑芝麻 10 克，黑米 70 克，红糖 3 克

做法
1. 将黑米、黑豆均洗净，置冷水锅中浸泡半个小时后捞出沥干水分；黑芝麻清洗干净。
2. 锅中加适量清水，放入黑米、黑豆、黑芝麻，以大火煮至开花。
3. 转小火将粥煮至浓稠，调入红糖即可。

芙蓉猪肉笋

材料
笋干 100 克，猪肉 50 克，香菇 5 朵，鸡蛋 2 个，酱油、盐、味精、葱花各适量

做法
1. 猪肉洗净切成片；笋干洗净泡发切粗丝；香菇洗净切细丝备用。
2. 猪肉片、笋丝、香菇丝放入锅中，放酱油、盐、味精烧至熟备用。
3. 鸡蛋打入盆中，加少许水拌匀，蒸熟，把炒熟的材料倒入鸡蛋中间，撒上葱花即可。

桂花甜藕

材料
莲藕 100 克，糯米 50 克，蜂蜜、冰糖、香菜段、枸杞子各少许

做法
1. 糯米洗净；莲藕去皮，洗净，灌入糯米；香菜段、枸杞子洗净。
2. 高压锅内放入灌好的莲藕、蜂蜜、冰糖。
3. 加水煲 1 个小时，晾凉，切片，撒上香菜段、枸杞子即可。

荷兰豆煎藕饼

材料
莲藕 150 克，猪肉 100 克，荷兰豆 50 克，盐 3 克，味精 1 克，白糖 3 克，食用油适量

做法
1. 莲藕去皮洗净，切成连刀块。
2. 猪肉洗净剁成末，拌入盐、味精、白糖；荷兰豆去筋洗净，焯熟。
3. 将猪肉馅放入藕夹中，入锅煎至金黄色，装盘，再摆上荷兰豆即可。

红枣鸭

材料
鸭半只，猪骨 300 克，红枣、清汤、冰糖汁、盐、水淀粉、食用油各适量

做法
1. 鸭洗净氽水，于七成热油锅中炸至微黄捞起，沥油后切条待用。
2. 锅置大火上，放入清汤、红枣、猪骨、炸鸭煮沸，去浮沫，加入除水淀粉以外的所有调料煮沸，转小火煮 1 个小时，捞出，用水淀粉、原汁勾芡，淋遍鸭身即可。

红枣蒸南瓜

材料

南瓜 200 克，红枣 25 克，白糖 10 克

做法

1. 将南瓜削去硬皮，去瓤、去籽后切成厚薄均匀的片；红枣洗净泡发备用。
2. 将南瓜片装入盘中，加入白糖拌匀，摆上红枣。
3. 蒸锅上火，放入备好的南瓜，蒸 30 分钟，至南瓜熟烂即可。

胡萝卜炒猪肝

材料

猪肝 250 克，胡萝卜 150 克，水淀粉 20 毫升，盐、葱段、姜末、食用油各适量

做法

1. 胡萝卜、猪肝均洗净，切片；猪肝片加盐、味精、水淀粉拌匀。
2. 锅中倒入清水，烧至八成开时，放入猪肝片，煮至七成熟时捞出沥水。
3. 锅内加油烧热，葱段、姜末爆香，加胡萝卜略炒，倒入猪肝，加盐炒至熟。

胡萝卜甘蔗

材料

胡萝卜 150 克，马蹄 150 克，甘蔗 50 克，盐适量

做法

1. 将胡萝卜洗净，去皮，切厚片；马蹄去皮，洗净，切两半；甘蔗削皮，斩段后破开。
2. 将全部材料放入锅内，加水煮沸，小火炖 1 ~ 2 个小时即可。

红煨土鸡钵

材料

土鸡 1 只，姜片、香油、酱油、食用油、盐、白糖各适量，蒜叶 15 克，彩椒块 15 克

做法

1. 土鸡处理干净切块；蒜叶洗净切块。
2. 油锅烧热，放入鸡块、姜片、盐炒至鸡熟，放入酱油、白糖，转小火约煨 30 分钟，再转大火烧 5 分钟，淋上香油盛盘。
3. 撒上蒜叶、彩椒块即可。

小贴士

　　土鸡鸡肉质量优良，营养价值丰富，是进补佳品。土鸡富含丰富的蛋白质，能够起到壮骨、健脾、养胃、消肿、护发的作用。

胡萝卜马蹄脊骨汤

材料

猪脊骨 150 克，马蹄 50 克，胡萝卜 80 克，姜 3 克，盐 3 克，味精 2 克，葱花、高汤各适量

做法

1. 胡萝卜洗净切滚刀块；姜去皮切片；猪脊骨洗净斩件；马蹄去皮，洗净。
2. 锅中注水烧开，放入猪脊骨汆烫去血水，捞出沥水。
3. 将高汤倒入煲中，加入猪脊骨、姜片、马蹄、胡萝卜煲 1 个小时，调入盐、味精，撒上葱花即可。

小贴士

　　胡萝卜味甘，性平，具有健脾消食、降糖消脂、益肝明目的功效，可增强产妇的免疫力。

双山炖鲫鱼

材料

鲫鱼1条，山药40克，山楂糕10克，盐3克，葱段适量

做法

1. 将鲫鱼处理干净斩块；山药去皮洗净切块；山楂糕切块备用。
2. 净锅上火倒入水，下入鲫鱼、山药、山楂糕煲至熟，调入盐撒上葱段即可。

小贴士

山药含有皂苷、黏液质，有润滑、滋润的作用，可益肺气、养肺阴，治疗肺虚咳嗽日久之症。山楂糕含钙、维生素，还含有丰富的铁、磷、蛋白质、脂肪以及果胶等，具有消食健胃、活血化淤、驱虫之功效。几者合用能促进产后子宫复原。

胡萝卜鲫鱼汤

材料

鲫鱼1条，胡萝卜半根，盐少许，葱段、姜片各2克

做法

1. 鲫鱼处理干净，在两侧切上花刀；胡萝卜去皮洗净，切方丁备用。
2. 净锅上火倒入水，放入葱段、姜片，下入胡萝卜、鲫鱼煲至熟，调入盐即可。

小贴士

鲫鱼含有丰富的蛋白质、脂肪、糖类、无机盐、维生素A、B族维生素等，且其肉质鲜嫩甘甜，与其他淡水鱼相比，含糖量较高，微量元素钙、磷、钾、镁的含量也比较多，有催乳和下乳的作用，对产妇恢复身体也有很好的帮助。

黄花菜香菜鱼片汤

材料

鱼肉 100 克，黄花菜 30 克，香菜 20 克，盐适量

做法

1. 香菜洗净切段；黄花菜用水浸泡，洗净，切段；鱼肉洗净后切成片。
2. 黄花菜加水煮滚后，再入鱼片煮 5 分钟至熟，加香菜、盐调味即成。

小贴士

　　黄花菜性平，味甘、微苦，含有丰富的花粉、糖类、蛋白质、脂肪、胡萝卜素、氨基酸等人体所必需的养分，还有丰富的膳食纤维和多种维生素以及矿物质，对月子期的腹部疼痛、小便不利、面色苍白等症有缓解作用，同时还具有下乳的作用，是产妇的调补佳品。

黄焖丸子

材料

猪肉 250 克，西蓝花 100 克，盐、鸡精、酱油、食用油、水淀粉各适量

做法

1. 猪肉洗净剁成泥，与水淀粉搅拌，用手挤成丸子；西蓝花洗净，掰成小朵。
2. 油锅烧热，下肉丸炸至金黄色，捞出。
3. 锅内放入水、肉丸、西蓝花，大火炖煮至熟，调入盐、鸡精、酱油收汁即可。

小贴士

　　西蓝花含有丰富的维生素 C，能促进肝脏的排毒，增强人的体质，增强抗病能力，还能促进人体的生长发育和提高人体免疫力，是产妇调理身体的佳选。

滑子菇南瓜盅

材料

南瓜1个，滑子菇、火腿、食用油各适量，西蓝花少许，盐2克，酱油6毫升，水淀粉10毫升，食用油适量

做法

1. 南瓜洗净，去盖挖瓤；滑子菇洗净；火腿洗净切块；西蓝花洗净，掰小朵后焯熟。
2. 南瓜盅入蒸锅蒸熟，取出与西蓝花一起摆盘；油锅烧热，下滑子菇、火腿炒熟，加盐、酱油调味，用水淀粉勾芡，出锅后盛入南瓜盅即可。

小贴士

　　滑子菇含有粗蛋白、粗纤维、维生素等营养物质，不仅味道鲜美，营养丰富，而且在滑子菇表面附着的有黏性的一种核酸，有健脑提神的作用，可帮助产妇消除疲劳。

党参炖鸡

材料

鸡1只，党参5克，盐3克，姜3克

做法

1. 鸡宰杀处理干净，入沸水中汆烫后捞出沥干；党参洗净沥干；姜洗净切末。
2. 锅中倒水烧开，下入鸡和党参、姜末炖煮2个小时。
3. 出锅，加盐调味即可。

小贴士

　　党参性平，味甘，具有补中益气、健脾益肺、降压、生津、抗衰老之功效，与鸡煲汤食用，滋补效果更佳，非常适宜产妇食用，能加快产妇身体恢复。

89

莲子枸杞煲猪肚

材料

熟猪肚350克，水发莲子30克，枸杞子8克，盐3克，绿豆芽少许

做法

1. 将熟猪肚洗净、切片；水发莲子、枸杞子洗净备用。
2. 净锅上火倒入水，下入熟猪肚、水发莲子、枸杞子煲至成熟，调入盐即可。

小贴士

　　猪肚味甘，性微温，含有蛋白质、脂肪、维生素及钙、磷、铁等，具有补虚损、健脾胃的功效，适宜气血虚损、身体瘦弱者食用，尤其是对产后虚弱、气血不足者最为滋补。

山药羊排汤

材料

羊排250克，山药100克，枸杞子5克，食用油15毫升，盐3克，葱花、香菜段各5克

做法

1. 将羊排洗净、剁块，汆水；山药去皮，洗净切块；枸杞子洗净备用。
2. 炒锅上火倒入油，将葱花爆香，加入水，下入羊排、山药、枸杞子，煲至熟时调入盐，撒入香菜段即可。

小贴士

　　羊排营养丰富，对贫血、产后气血两虚、腹部冷痛、体虚畏寒、营养不良等症均有益处。

荷包里脊

材料

猪里脊肉、火腿、生菜各 100 克，鸡蛋 4 个，盐 3 克，食用油适量

鸡蛋：健脑益智，滋阴润燥

做法

1. 猪里脊肉洗净切丁，火腿剁碎，将二者加盐拌匀成肉馅；生菜洗净平铺在盘里。

2. 鸡蛋打散，加盐搅匀，油烧热，倒入蛋液煎成蛋皮，取出，将肉馅放蛋皮上，折过来包住肉馅成荷包状。

3. 油烧热，将荷包里脊炸 2 分钟，捞出放在生菜盘里即成。

小贴士

　　猪肉性平，味甘咸，其所含优质蛋白和人体必需的脂肪酸，能补肾养血、滋阴润燥，改善缺铁性贫血，对产后气血虚症有调理作用。

鱼片豆腐汤

材料

草鱼肉200克，豆腐100克，草菇20克，葱5克，姜、盐各2克，味精3克，食用油适量

做法

1. 草鱼肉切成片；豆腐切片；草菇洗净，切片；葱洗净，切段；姜去皮，切片。
2. 锅上火，加油烧热，下入鱼片过油，捞出。
3. 锅中加入鱼片、豆腐片、草菇片、葱段、姜片和适量水，煮30分钟后，拣出葱、姜，调入盐、味精即可。

小贴士

　　豆腐含有丰富的铁、钙、磷、镁等多种微量元素，能够调和脾胃，消除肠胃浊气，清热散血，适宜产妇调养食用。

椰汁枣炖鸡

材料

椰子1个，带骨鸡肉、盐、清汤、红枣、山药各适量，鲜奶150毫升

做法

1. 椰子制盅，倒出椰汁；鸡肉剁块，汆水后放入椰子盅内；红枣洗净；山药去皮、洗净切块。
2. 锅中加山药、红枣、清汤、开水、盐烧沸，倒入椰子盅内，盖椰盖，入笼蒸2.5个小时。
3. 加入椰汁和鲜奶，入笼再蒸10分钟即成。

小贴士

　　椰子汁清白透亮，水甜如蜜，能够清热解暑、生津止渴，还有利尿、止呕、止泻的作用。此汤非常适宜产妇夏季坐月子食用。

益智仁鸡汤

材料

鸡翅 200 克，党参、益智仁、五味子各 10 克，枸杞子、香菇各 15 克，竹荪 5 克，盐 3 克

做法

1. 将除盐外的所有材料洗净，鸡翅剁成小块；竹荪泡软，挑除杂质，洗净后切段。
2. 将党参、益智仁、五味子、枸杞子、鸡翅、香菇和水一起放入锅中，炖煮至鸡肉熟烂，放入竹荪，煮 10 分钟，加盐调味即可。

小贴士

益智仁富含维生素 B_1、维生素 B_2、维生素 C、维生素 E、挥发油、益智仁酮及多种氨基酸、脂肪酸等，可改善产妇脾肾虚寒、腹痛腹泻等症。

白腰豆蹄花汤

材料

猪蹄 1 只，白腰豆 100 克，盐 3 克

做法

1. 猪蹄洗净剁件；白腰豆洗净泡发。
2. 净锅上火，放入清水、猪蹄、白腰豆，大火煮沸，去除浮沫，调入盐。
3. 转用小火慢炖 2 ~ 3 个小时即可。

小贴士

白腰豆口感细腻清香，营养丰富，具有滋阴、补肾、健脾、温中、下气、利湿、消食、解毒、止呃逆等功效，是产妇理想的调养佳品。

椰芋鸡翅

材料

鸡翅 200 克，芋头 100 克，香菇 20 克，酱油、盐、白糖、椰奶、水淀粉、香油、黄瓜片、胡萝卜片、食用油各适量

做法

1. 香菇洗净；芋头去皮，切块；鸡翅洗净，用酱油、盐腌 20 分钟；芋头、鸡翅入油锅中炸至金黄；黄瓜片、胡萝卜片摆盘。
2. 香菇入锅爆香，加白糖、椰奶、水煮开再加入芋头及鸡翅焖至汁干。
3. 水淀粉勾芡，淋上香油，盛盘即可。

小贴士

芋头含有糖类、膳食纤维、B 族维生素、钾、钙、锌等，其中以膳食纤维和钾的含量比较多，是产妇调养的佳品之一。

香油通草虾

材料

虾 80 克，通草段 10 克，食用油、姜段、葱、盐、香油各适量

做法

1. 将虾洗净泥沙，去沙线；葱洗净，切段。
2. 锅加热至八成热倒入油，煸入姜段炒香，再放入虾略炒。
3. 加入盐、通草段煮熟，最后撒入少许葱段，淋香油即可。

小贴士

虾的通乳作用较强，并且富含钙、磷，对哺乳期的新妈妈尤有补益功效；通草清热利尿，通气下乳。这道菜口味清淡，适合产后的新妈妈调养身体。

芝麻拌芹菜

材料

芹菜 300 克，红椒、熟白芝麻各少许，盐、紫苏叶、蒜末、味精、香油各适量

做法

1. 红椒去蒂去籽，切圈，盛盘垫底用；芹菜择洗干净，切片；紫苏叶洗净。
2. 芹菜入沸水中焯一下，冷却后装盘。
3. 加入蒜末、香油、味精、盐和炒熟的白芝麻，拌匀，撒上紫苏叶即可食用。

小贴士

　　芹菜性凉，味甘，含有丰富的膳食纤维、蛋白质和多种维生素。常吃芹菜对血管硬化和高血压都有很好的改善，而芹菜中的粗纤维可以促进胃肠蠕动，促进排便，有助于产妇恢复身形。

香菇烧山药

材料

山药 150 克，香菇、板栗、小白菜各 50 克，盐、水淀粉、味精、枸杞子、食用油各适量

做法

1. 山药洗净切块；枸杞子、香菇洗净；板栗去壳洗净；小白菜洗净。
2. 板栗用水煮熟；小白菜过水烫熟，与枸杞子一起放在盘中摆放好备用。
3. 热锅下油，放入山药、香菇、板栗爆炒，调入盐、味精，用水淀粉收汁，装盘即可。

小贴士

　　香菇性平，味甘，一直有"山珍"的美称，含有丰富的维生素、铁、钾、蛋白质等，有助于产妇滋补身体。

金枝玉叶

材料

芥蓝、豆腐各90克，黑木耳、百合各20克，彩椒、食用油、盐各适量

做法

1. 黑木耳洗净泡发，撕小朵；芥蓝洗净，焯熟；豆腐洗净，切片；彩椒洗净，切片；百合洗净泡发。

2. 油烧热，豆腐炸至金黄色，捞起控油，同芥蓝一起摆盘。另起油锅，放入黑木耳、百合、彩椒翻熟，调入盐，起锅盛盘即可。

仔鸡炖口蘑

材料

仔鸡1只，口蘑75克，葱段、姜片、盐、酱油、白糖、食用油各适量

做法

1. 将仔鸡洗净，剁成小块；口蘑用温水泡半个小时，洗净备用。

2. 锅中放油烧热，放入鸡块翻炒，至鸡肉变色，放入葱段、姜片、盐、酱油、白糖，将颜色炒匀，加入适量水，炖10分钟左右后倒入口蘑，以中火炖30~40分钟至熟即可。

炸卤牛肉

材料

牛肉600克，洋葱、番茄、盐、陈皮、姜片、蒜、面粉、酱油、食用油、香菜各适量

做法

1. 洋葱洗净，切块；番茄洗净，去蒂切块；牛肉去筋膜，洗净切块，沾裹面粉，入热油锅中炸1分钟，捞出沥油；香菜洗净与少许番茄块摆盘。

2. 锅中加水、姜、蒜、陈皮、盐、酱油煮开，放入全部材料卤至牛肉熟烂，盛盘即可。

南瓜虾皮汤

材料

南瓜 400 克，虾皮 20 克，食用油、盐、葱花、各适量

做法

1. 南瓜洗净切块。
2. 锅入油烧热，放入南瓜块稍炒，加盐、葱花、虾皮，再炒片刻。
3. 添水煮成汤即可。

牛奶煲木瓜

材料

木瓜 200 克，牛奶 300 毫升

做法

1. 将木瓜削皮去籽后，切成大块。
2. 牛奶倒入砂煲内，上火煮开。
3. 待牛奶煮开后，再加入木瓜块煮至熟即可。

羊肉炖红枣

材料

羊肉 350 克，红枣 100 克，黄芪 10 克，红糖 50 克

做法

1. 羊肉清洗干净，入沸水中氽烫，撇去浮沫，去腥，捞出沥干水分；红枣洗净，泡发；黄芪洗净，润透。
2. 将除红糖外的所有材料加 1000 毫升水大火煮沸后，转小火熬煮至水剩 500 毫升后，倒出汤汁，分成 2 碗，分别加入红糖即可。

雪花蛋露

材料

鸡蛋2个，枸杞子5克，鲜奶油30克，白糖适量，香菜叶少许

做法

1. 鸡蛋打入碗中，加少许清水搅成蛋液；枸杞子洗净泡发，入沸水中焯透捞出备用。
2. 鸡蛋入蒸锅蒸10分钟，取出；鲜奶油倒入碗中，加白糖搅拌均匀。
3. 将奶油泡在蒸蛋上，用枸杞子、香菜叶装饰点缀即可。

小贴士

奶油的脂肪酸含量比牛奶增加了很多倍，在人体内的消化吸收率较高，与鸡蛋合用，具有调补虚损的功效，产妇可适量食用。

西洋参老母鸡汤

材料

老母鸡1只，西洋参5克，枸杞子、红枣各少许，盐3克，姜少许

做法

1. 老母鸡处理干净，剁块；枸杞子、红枣、西洋参洗净；姜洗净，切丝。
2. 锅内注水，放入老母鸡、西洋参、枸杞子、红枣、姜丝一起炖煮2个小时。
3. 煮至熟时，加入盐调味，起锅装碗即可。

小贴士

西洋参中的皂苷可有效增强中枢神经功能，有养胃生津、消除疲劳、增强记忆力等功效，与老母鸡、枸杞子、红枣合煲成汤，对产妇补气血有着非常显著的效果。

无花果口蘑猪蹄汤

材料

猪蹄1个，口蘑150克，无花果30克，香菜末、枸杞子、盐各适量

做法

1. 将猪蹄洗净、剁块；口蘑洗净撕条；枸杞子、无花果洗净备用。
2. 汤锅上火倒入水，下入猪蹄、口蘑、无花果、枸杞子煲至成熟，调入盐，撒上香菜末即可。

小贴士

　　中医认为，猪蹄有壮腰补膝和通乳之效，可用于肾虚所致的腰膝酸软和产妇产后缺少乳汁之症。经常食用有助于产妇恢复，并有养颜护肤的功效。

莲藕豆苗猪蹄汤

材料

猪蹄200克，莲藕100克，豆苗30克，火腿25克，食用油适量，红椒圈、盐各少许，味精3克，葱段5克，香油2毫升

做法

1. 将猪蹄洗净剁小块，氽水；莲藕去皮，洗净，切块；豆苗去根洗净；火腿切片备用。
2. 炒锅上火倒入食用油，将葱段炝香，下入莲藕煸炒，倒入水，调入盐、味精烧沸。
3. 下入猪蹄、豆苗、火腿煲2个小时，淋入香油，撒上红椒圈即可。

小贴士

　　莲藕含有大量的淀粉、蛋白质、B族维生素、维生素C、脂肪、磷、铁等多种物质，能够帮助消化，改善血液循环，有益于产妇的身体健康。

番茄猪腿骨汤

材料

猪腿骨 300 克，番茄 100 克，盐 3 克，鸡精、白糖、食用油各适量，葱 3 克

做法

1. 猪腿骨洗净，剁成块；番茄洗净切块；葱洗净切末。
2. 锅中倒少许油烧热，下入番茄略加煸炒，倒水加热，下入猪腿骨煮 2 个小时。
3. 加入盐、鸡精和白糖调味，撒上葱末即可。

小贴士

　　猪腿骨除了含有丰富的蛋白质、脂肪、维生素之外，还含有很多的骨胶蛋白，有利于补中益气、养血健骨，而且骨头中的营养成分更容易被人体吸收，能够补充产妇所必需的骨胶原。

番茄猪肝汤

材料

猪肝 150 克，金针菇 50 克，番茄 1 个，盐 3 克，香油 5 毫升，鸡精 2 克，食用油适量

做法

1. 猪肝洗净切片；番茄入沸水中稍烫，去皮、切块；金针菇洗净。
2. 将切好的猪肝入沸水中汆去血水。
3. 锅上火入油烧热，放入猪肝爆炒后，加入适量清水，下入金针菇、番茄煮 10 分钟，加盐、鸡精调味，淋上香油，搅拌即可。

小贴士

　　番茄含有丰富的胡萝卜素、B 族维生素、维生素 C、柠檬酸和糖类、钙、磷、钾、镁、铁、锌、铜等多种元素，可以满足产妇所需的多种营养素。

南瓜猪肝汤

材料

南瓜 200 克，猪肝 100 克，盐、葱花各适量

做法

1. 将南瓜去皮、去籽，洗净切片；猪肝洗净切片煮熟备用。
2. 净锅上火倒入水，下入猪肝、南瓜煲至熟，调入盐，撒上葱花即可。

小贴士

　　猪肝性温，味甘、苦，具有养肝明目的作用，非常适合气血虚弱、产后虚弱、缺铁性贫血患者食用。

南瓜甜汤

材料

南瓜 200 克，蚕豆、冰糖各适量

做法

1. 将南瓜去皮、去籽，洗净切丁；蚕豆洗净。
2. 净锅上火倒入水，下入南瓜、蚕豆烧开，调入冰糖煲至熟即可。

小贴士

　　南瓜营养丰富，含有淀粉、蛋白质、胡萝卜素、B 族维生素、维生素 C 和钙、磷等成分，具有亮发、健脑、明目、温肺、益肝、健脾、和胃、润肠、养颜护肤、降糖消渴等功效，适合产妇食用。

美味清远鸡

材料

清远鸡1只，盐3克，食用油、葱丝、姜末各适量

做法

1. 清远鸡处理干净，用盐腌渍30分钟。
2. 将鸡放入锅中，加适量开水中小火煮熟后浸入冷水，待鸡肉冷却后捞出，晾干，在鸡皮上涂上熟食用油，盛入碟中。
3. 葱、姜分别装在小碗中，碗内加少许的盐，冲入热油，制成味碟蘸食。

小贴士

清远鸡原产于广东清远市，由于其体型较小，皮下和肌间脂肪发达、皮薄骨软等特性深受消费者的喜爱，肉质鲜美，营养丰富，尤其适合产褥期的妈妈进补。

秘制小方肉

材料

五花肉200克，西蓝花100克，盐3克，酱油3毫升，白糖5克，食用油适量

做法

1. 五花肉洗净，切大块；西蓝花洗净掰小朵，焯水后摆盘。
2. 锅倒油烧热，下入白糖和酱油炒溶化，倒入五花肉炒至上色，然后加适量水焖煮至熟，出锅摆盘成方形。
3. 锅中留汁，加盐、酱油炒匀，淋入盘中即可。

小贴士

西蓝花含有丰富的维生素C和硒，对于增强免疫力有很好的功效，西蓝花还含有丰富的胡萝卜素，可以延缓肌肤老化，与五花肉搭配，有助于产妇恢复身体。

酱烧春笋

材料

春笋 200 克，蚝油 10 毫升，甜面酱 10 克，姜末、蒜末各 5 克，白糖、鸡精、香油、食用油、彩椒丝、鲜汤各适量

做法

1. 春笋削去老皮，洗净，切成长条，放入沸水中焯熟。
2. 锅中加油烧热，放入姜末、蒜末炝锅，再放入笋条翻炒。
3. 放入鲜汤，烧煮至汤汁快干时调入蚝油、甜面酱、白糖、鸡精、香油，炒匀，撒上彩椒丝即可出锅。

小贴士

春笋含蛋白质、氨基酸、脂肪、糖类、钙、磷、铁、胡萝卜素和维生素 B_1、维生素 B_2、维生素 C 等成分，有消脂、清热的功效，比较适合产妇食用，但不宜多食。

春笋：益气和胃，清热化痰

香菇肉丸

材料

香菇、蛋清、虾仁、肉末各 50 克，盐 3 克，淀粉 15 克，姜汁、水淀粉各适量，高汤 100 毫升

做法

1. 香菇去蒂洗净；虾仁剁成泥；肉末与虾泥加盐、蛋清、淀粉、姜汁做成肉丸，塞入香菇伞盖中。
2. 肉丸和香菇入微波炉烹熟，取出，用高汤和淀粉勾芡，淋在香菇肉丸上即可。

干焖香菇

材料

水发香菇 250 克，白糖 5 克，盐、酱油、葱段、姜末、高汤、食用油各适量

做法

1. 水发香菇洗净，用沸水汆一下，沥干水分。
2. 起油锅，用葱段、姜末炝锅，加入酱油、白糖、盐、高汤和香菇，等汤汁收浓后起锅即可。

天麻茯苓鱼头汤

材料

鱼头 1 个，天麻 15 克，茯苓 2 片，姜 3 片，枸杞子、葱段各 10 克

做法

1. 天麻、茯苓洗净入锅加入 1800 毫升水，熬成 1600 毫升的高汤。
2. 鱼头清洗干净，先以滚水汆烫一下。
3. 将鱼头和姜片放入煮沸的天麻、茯苓汤中，待鱼煮熟后放入枸杞子、葱段即可。

清炖牛肉

材料

牛肉 200 克，白萝卜、胡萝卜各 50 克，盐、食用油、香菜、葱、姜各适量

做法

1. 牛肉洗净切块，汆水；白萝卜、胡萝卜洗净切块；葱洗净切段；姜洗净切片；香菜洗净。
2. 油锅烧热，爆香姜片，注入清水，下入牛肉块炖煮 30 分钟，调入盐，加白萝卜、胡萝卜炖煮 30 分钟，撒上葱段、香菜即可。

青螺炖鸭

材料

鸭半只，青螺肉 50 克，葱段、姜片各 10 克，水发香菇 80 克，熟火腿、盐、冰糖各适量

做法

1. 鸭处理干净，汆水，放砂锅中加水没过鸭，大火烧开，撇去浮沫，转小火炖至六成熟时加盐、葱段、姜片、冰糖，炖至九成熟。
2. 熟火腿、香菇洗净切丁，与净青螺一同入砂锅，大火煮沸，捞起鸭，剔去大骨垫汤碗底，保持原形，鸭肉盖上面，浇上原汤即成。

人参猪蹄汤

材料

猪蹄、胡萝卜各 150 克，人参须、黄芪、枸杞子各 10 克，薏苡仁、姜片、盐各适量

做法

1. 将人参须、黄芪分别洗净，放入棉布袋中；枸杞子、薏苡仁分别洗净泡水，放入锅中；胡萝卜洗净切块入锅。
2. 猪蹄洗净，剁小块，汆烫后入锅。
3. 锅中加入姜片、水煮沸后转小火煮 30 分钟，捞出棉布袋，煮至猪蹄熟透，加盐调味即可。

木瓜汤

材料

黄豆芽200克，木瓜100克，香菇、胡萝卜、红枣、银耳各15克，食用油、盐各适量

做法

1. 黄豆芽洗净；木瓜洗净切块、去籽切条；胡萝卜去皮切条；香菇去蒂洗净切条，备用。
2. 起油锅，将黄豆芽炒香；红枣洗净；银耳泡发去蒂。
3. 将除盐外的材料放入煲中，加水，大火煮滚后，转小火熬煮1个小时，加盐调味即可。

小贴士

　　木瓜含有丰富的木瓜蛋白酶、胡萝卜素、维生素C、蛋白质、多种维生素及多种人体必需的氨基酸，有利于促进乳腺的发育，适宜乳汁不足的产妇食用。

木瓜西米汤

材料

木瓜200克，胡萝卜45克，西米30克，白糖2克，葱段少许

做法

1. 木瓜去皮、籽，切丁；胡萝卜洗净切丁；西米淘洗干净，备用。
2. 净锅上火倒入水，下入木瓜、胡萝卜、西米煲至熟，加白糖调味，撒上葱段即可。

小贴士

　　西米性温，味甘，是由棕榈树类的木髓部或软核中提出来的，经过一系列的加工制作而成，口感软糯，营养丰富，具有健脾开胃、补肺化痰的功效，适合体质虚弱、产后恢复期的女性食用。

木瓜炖银耳

材料

木瓜1个，猪瘦肉100克，鸡爪100克，银耳20克，盐3克，味精1克，白糖2克

做法

1. 先将木瓜洗净，去皮切块；银耳泡发；猪瘦肉切块；鸡爪洗净。
2. 炖盅中放水，将木瓜、银耳、猪瘦肉、鸡爪一起放入炖盅，炖制2个小时。
3. 炖盅中调入盐、味精、白糖拌匀即可。

小贴士

银耳，性平，味甘、淡，含有多种矿物质，如钙、磷、铁、钾、钠、镁、硫等，其中钙、铁的含量尤其高，与木瓜、鸡爪搭配食用，有利于产妇的身体恢复。

木瓜炖鹌鹑蛋

材料

木瓜1个，鹌鹑蛋4个，红枣、银耳各10克，冰糖20克

做法

1. 银耳洗净，泡发后撕碎；鹌鹑蛋煮熟，去壳洗净。
2. 木瓜洗净，中间挖洞，去籽，放进冰糖、红枣、鹌鹑蛋，装入盘。
3. 蒸锅上火，把盘放入蒸锅内，蒸20分钟至木瓜软熟，取出即可。

小贴士

鹌鹑蛋含蛋白质、脑磷脂、卵磷脂、赖氨酸、胱氨酸、维生素A、维生素B_1、维生素B_2、维生素D、铁、磷、钙等营养物质。适宜贫血、月经不调、产后身体虚弱者食用，其调补、养颜、美肤功效显著。

青豆党参排骨汤

材料

猪排骨 100 克，青豆 50 克，党参 15 克，盐适量

做法

1. 青豆洗净；党参润透后切段；
2. 猪排骨洗净，斩块，氽烫后捞起备用；
3. 将除盐外的所有材料放入煲内，加水大火煮沸后，转小火煮 1 个小时，再加盐调味即可。

鲫鱼姜汤

材料

鲫鱼 1 条，姜 30 克，枸杞子 5 克，盐、香菜各适量

做法

1. 将鲫鱼处理干净切花刀；姜去皮洗净，切片；香菜洗净，切段备用。
2. 净锅上火倒入水，下入鲫鱼、姜片、枸杞子大火烧开，转小火煲煮至汤呈奶白色，调入盐，撒上香菜段即可。

鲫鱼芡实汤

材料

鲫鱼 1 条，芡实 3 克，食用油适量，味精、香菜末各 2 克，盐 3 克，葱段、姜片各 3 克

做法

1. 将鲫鱼洗净；芡实稍洗备用。
2. 净锅上火倒入油，将葱段、姜片、芡实炝香，倒入水，再下入鲫鱼煮至熟，调入盐、味精，撒入香菜末即可。

鸡汤煮豆腐丝

材料

豆腐丝 200 克，虾仁、青菜、彩椒各 20 克，鸡汤 500 毫升，盐、香油各适量

做法

1. 豆腐丝焯水备用；彩椒洗净切丝；虾仁、青菜洗净。
2. 起锅点火，倒入鸡汤，放入豆腐丝，加适量盐煮开，放入虾仁、彩椒丝，大火煮 5 分钟，放入青菜，淋上香油即可起锅。

鸡蛋蒸豆腐

材料

鸡蛋 1 个，豆腐 200 克，剁椒 5 克，盐、味精各 2 克，食用油适量

做法

1. 豆腐洗净切成 2 厘米厚的段。
2. 将切好的豆腐放入盘中，打入鸡蛋置于豆腐中间，撒上盐、味精。
3. 将豆腐与鸡蛋置于蒸锅上，蒸至鸡蛋熟，取出；另起锅置火上，加油烧热，下入剁椒稍炒，淋于蒸好的豆腐上即可。

豆角炖排骨

材料

猪排骨 300 克，豆角 100 克，盐、鸡精各少许，食用油适量

做法

1. 将猪排骨洗净切块，放入沸水中煮去血污，捞起备用。
2. 豆角择去头尾及老筋后，入热油锅中略炸。
3. 锅上火，加入适量清水，放入猪排骨、豆角，用大火炖 1 个小时，调入盐、鸡精，续炖入味即可。

口蘑山鸡汤

材料

山鸡 200 克，口蘑 50 克，红枣 30 克，莲子 30 克，枸杞子 15 克，盐 3 克，鸡精 2 克，姜片 10 克

做法

1. 口蘑洗净切块；山鸡洗净剁块，入沸水中汆透捞出，入冷水中洗净；红枣、莲子、枸杞子泡发。
2. 煲中加水烧开，下入姜片、枸杞子、山鸡块、口蘑、红枣、莲子，煲炖 90 分钟，调入盐、鸡精即可。

小贴士

　　山鸡肉质比较鲜嫩，脂肪少，胆固醇较低，是滋补佳品，其富含硒、锌、铁、钙等多种人体必需的微量元素，对儿童营养不良、女性贫血、产后体虚、子宫下垂等都有改善作用。

红枣黑豆炖鲤鱼

材料

鲤鱼 1 条，黑豆 30 克，红枣 8 颗，葱 10 克，姜片 3 克，盐 3 克

做法

1. 将鲤鱼洗净切段；葱洗净切段；红枣洗净去核；黑豆淘洗干净，用清水提前浸泡 1 个小时。
2. 锅中放入适量清水并放入鲤鱼段，用大火煮沸后撇去浮沫。
3. 在鲤鱼汤中加入黑豆、红枣、葱段、姜片、盐，用小火煮至豆熟即可。

小贴士

　　鲤鱼的营养价值很高，含有极为丰富的蛋白质；红枣具有补益脾胃、养血安神的作用；黑豆具有利水、消肿、解毒的功效。三者搭配对于体虚的产妇来说，是一道食疗佳品。

胡萝卜排骨汤

材料

猪排骨 150 克，胡萝卜块 100 克，黄芪 15 克，当归 10 克，红枣 30 克，鲜贝 3 颗，黑木耳 1 朵，罗勒 4 片，盐、味精各 3 克

做法

1. 黄芪、当归洗净，用棉布袋包起；猪排骨汆烫后洗净；红枣、胡萝卜块洗净，黑木耳洗净泡发。
2. 将棉布袋放入水中煮滚，放入胡萝卜、红枣、猪排骨、黑木耳，熬煮 40 分钟后取出药材包，转大火煮滚，放入鲜贝，煮开后加入盐、味精，放入罗勒即可。

小贴士

　　黄芪煲汤具有保肝、利尿、抗衰老、降压、调节血糖含量和抗菌作用，还能使产妇提高自身免疫力，属于补气的佳品。

黄金猪蹄汤

材料

猪蹄半只，黄豆 45 克，盐、枸杞子、青菜各适量

做法

1. 将猪蹄洗净、切块、汆水；黄豆用温水浸泡 40 分钟备用；枸杞子、青菜洗净备用。
2. 净锅上火倒入水，下入猪蹄、黄豆煲 90 分钟，调入盐即可。

小贴士

　　黄豆中含有丰富的钙、磷、镁、钾等无机盐，还含有铜、铁、锌、碘、钼等微量元素。黄豆中的钙、磷更容易被产妇消化吸收，黄豆中的钼可以抑制致癌物质的生成。把黄豆和猪蹄搭配起来吃，其营养可达到最高，不仅更加美味，而且营养更容易被人体吸收。

红毛丹银耳汤

材料

银耳 200 克，西瓜 50 克，红毛丹 50 克，冰糖 200 克

做法

1. 银耳泡水、去除蒂头，切小块，放入沸水锅中煮至熟软，捞起沥干；西瓜去皮，切小块；红毛丹去皮、去子。
2. 冰糖加适量水熬成汤汁，待凉。
3. 西瓜、红毛丹、银耳、冰糖、水放入碗，拌匀即可。

小贴士

　　红毛丹性温，味甘，其果肉含葡萄糖、蔗糖、柠檬酸、维生素、氨基酸和多种矿物质，核小肉厚，汁多味甜，是一种极具营养的食物，适宜产妇食用。

莲子红枣花生汤

材料

莲子、花生各 50 克，红枣 3 颗，冰糖 5 克

做法

1. 将莲子、花生、红枣洗净，莲子去心备用。
2. 锅上火倒入水，下入莲子、花生、红枣烧沸，撇去浮沫，转小火煮至熟烂。
3. 调入冰糖即可。

小贴士

　　花生果实含有蛋白质、脂肪、糖类、维生素 A、维生素 B_6、维生素 E、维生素 K，以及矿物质钙、磷、铁等各种营养成分，有促进骨髓制造血小板的功能，还具有止血功能，对产后乳汁不足者有滋补和改善的作用。

PART 3

哺乳期

　　哺乳期是指女性产后用自己的乳汁喂养婴儿的时期。哺乳期的妈妈既要给宝宝哺育乳汁，又要恢复身体，所以在饮食上要精挑细选、营养均衡。本章中主要介绍一些适合哺乳期食用的菜式，有通乳催奶、补气养血的，也有排毒瘦身、美容养颜的，搭配合理，简单易做。

板栗土鸡瓦罐汤

材料

土鸡1只，板栗100克，红枣10克，盐3克，鸡精2克，姜片3克

做法

1. 土鸡处理干净斩件；板栗剥壳，去皮。
2. 锅上火，加入适量清水，烧沸，放入鸡、板栗，滤去血水，备用。
3. 将鸡、板栗转入瓦罐里，放入姜片、红枣，将瓦罐放进特制大瓦罐中，用大火炖1.5个小时，加盐、鸡精调味即可。

小贴士

　　红枣能提高产妇的免疫力，并可抑制癌细胞，促进白细胞的生成，降低血清胆固醇，提高人血白蛋白含量，保护肝脏。

猪蹄灵芝汤

材料

猪蹄1只，黄瓜35克，灵芝8克，盐3克

做法

1. 将猪蹄洗净、剁块、汆水；黄瓜去皮洗净，切滚刀块备用。
2. 汤锅上火倒入水，下入猪蹄。
3. 放入灵芝烧开，煲至快熟时，下入黄瓜煮熟，加盐调味即可。

小贴士

　　灵芝具有抗皱、消炎、清除色斑、保护皮肤的功效，与猪蹄合煲成汤食用，有助于女性保持和调节皮肤水分，恢复皮肤弹性，使皮肤湿润、细腻，促进产后皮肤恢复。

红豆花生乳鸽汤

材料

乳鸽 200 克，红豆 50 克，花生米 50 克，桂圆肉 30 克，盐 3 克

红豆： 健脾止泻，利水消肿

做法

1. 红豆、花生米、桂圆肉洗净，浸泡。
2. 乳鸽宰杀后去毛、内脏，洗净，斩大件，入沸水中汆烫，去除血水。
3. 将适量清水放入瓦煲内，煮沸后加入除盐外的所有材料，大火煲沸后，改用小火煲 2 个小时，加盐调味即可。

小贴士

　　花生有促进造血的作用，对于女性产后血虚有滋补气血的作用，还可改善乳汁不足者。鸽肉中含有人体所需的 20 种以上的氨基酸，可提供人体所需营养，所以，此汤是哺乳期妈妈进补佳品。

八味南瓜

材料

南瓜 300 克，糯米 50 克，细豆沙、葡萄干、蜜饯、莲子、白糖、糖桂花、香油各适量

做法

1. 南瓜去皮去瓤洗净，切块；糯米洗净，煮熟。
2. 将蜜饯、葡萄干、莲子、细豆沙、白糖同糯米拌匀，装入摆在碗里定形的南瓜里，上蒸笼蒸至熟，取出。
3. 用白糖、糖桂花打汁，淋上少许香油拌匀，浇在成形的南瓜上即可。

干黄鱼煲木瓜

材料

干黄鱼 2 条，木瓜 100 克，盐少许，香菜段、彩椒丝各 2 克

做法

1. 将干黄鱼清洗干净浸泡；木瓜清洗干净，去皮、籽，切方块备用。
2. 净锅上火倒入适量清水，调入少许盐，再下入干黄鱼、木瓜继续煲至熟透，撒入香菜段、彩椒丝即可。

木瓜鲈鱼汤

材料

鲈鱼 500 克，木瓜 450 克，姜片 4 片，火腿 100 克，食用油适量，盐 5 克

做法

1. 鲈鱼剖净斩块；炒锅下食用油、姜片，将鲈鱼两面煎至金黄色。
2. 木瓜去皮、核，切块；火腿切片；炒锅放入姜片，将木瓜爆炒 5 分钟。
3. 清水入瓦锅中煮沸，加木瓜、鲈鱼和火腿片，大火煲开改小火煲 2 个小时，加盐即可。

茶树菇红枣乌鸡汤

材料

乌鸡半只，茶树菇 50 克，红枣 6 颗，姜 2 片，盐适量

做法

1. 乌鸡洗净，放入开水中汆烫 3 分钟，捞出，剁成块备用。
2. 茶树菇浸泡 10 分钟，洗净；红枣洗净，去核。
3. 将茶树菇、乌鸡、红枣、姜片放入煲中，倒入适量水煮开，用中火煲 2 个小时，加盐调味即可。

党参鲫鱼汤

材料

鲫鱼 1 尾，党参 10 克，姜末、葱末、紫苏叶、食用油、盐各适量，鲜汤 200 毫升

做法

1. 党参润透，切段；鲫鱼处理干净切段，放热油中煎至金黄；紫苏叶洗净。
2. 另起油锅烧热，烧至六成热时，下入姜末、葱末爆香，再下党参、鲜汤，烧开，调入盐，加入紫苏叶即成。

白果糯米乌鸡汤

材料

乌鸡半只，莲子、白果各 25 克，糯米 50 克，盐 3 克

做法

1. 乌鸡洗净斩件。
2. 白果、莲子洗净；糯米用水浸泡，洗净。
3. 将除盐外的材料放入炖盅炖 2 个小时，放入盐调味即可。

南瓜蒸排骨

材料

南瓜250克，猪排骨100克，盐、姜末、蒜末、豆豉酱、酱油、醋、食用油、葱末、香菜段各少许

做法

1. 猪排骨处理干净切块，氽水，捞出沥干；南瓜去皮洗净，切条，摆盘。
2. 热锅下油，入姜末、蒜末炒香，放入猪排骨略炒，加盐、豆豉酱、酱油、醋调味，炒至五成熟盛在盘中的南瓜上。
3. 向盘中淋入适量醋，入蒸锅蒸至熟透，撒上葱末、香菜段即可。

小贴士

　　南瓜营养非常丰富，可为哺乳期妈妈提供多种有益成分。多食南瓜还可有效防治高血压、糖尿病及肝脏病变等，提高人体免疫能力。

南瓜盅肉排

材料

南瓜200克，猪排骨150克，芋头50克，胡萝卜块、香菇块、彩椒各10克，姜、酱油、味精、白糖、盐、食用油各少许

做法

1. 南瓜洗净，挖空；芋头去皮洗净，煮熟；彩椒洗净切片；姜去皮洗净切片。
2. 猪排骨洗净剁块，氽水，入油锅煸炒，加芋头、胡萝卜块、香菇块、姜片、白糖、酱油、盐、味精、彩椒片炒匀。
3. 把炒好的猪排骨装入南瓜中，上锅蒸熟即可。

小贴士

　　芋头含有丰富的皂角苷素及多种微量元素，可帮助哺乳期妈妈纠正微量元素缺乏导致的生理异常，与南瓜、猪排骨、胡萝卜、香菇同食能增进产妇食欲、帮助消化。

莲子炖猪肚

材料

猪肚1个，莲子50克，盐3克，香油6毫升，葱、姜、蒜各10克

做法

1. 莲子泡发，洗净，去心；猪肚洗净装入莲子，用线缝合；葱、姜洗净切丝；蒜洗净剁蓉。
2. 将猪肚放入锅中，加清水炖至熟透，捞出放凉，切成细丝，同莲子放入盘中。
3. 调入葱丝、姜丝、蒜蓉、盐和香油，拌匀即可。

小贴士

　　这道菜可健脾益胃、补虚益气，产妇常食可补益脾胃。猪肚含蛋白质、脂肪、钙、磷、铁等；莲子含丰富的钙、磷、铁，除可构成骨骼和牙齿的成分外，还有促进凝血、镇静神经等作用。

豆角煎蛋

材料

豆角200克，鸡蛋2个，彩椒5克，盐3克，香油5毫升，食用油适量

做法

1. 将豆角洗净，切末；彩椒洗净切末；鸡蛋打散，入少许盐调匀。
2. 锅内放水烧热，加入盐，将切好的豆角末、彩椒末过水，捞起，和鸡蛋一起拌匀。
3. 将平底锅烧热，放少许油，将已拌匀的鸡蛋液倒入锅内煎熟，淋入香油即可。

小贴士

　　豆角含有优质蛋白和不饱和脂肪酸，矿物质和维生素含量也很高，可充分保证哺乳期妈妈的睡眠质量，帮助其恢复身体。

百合乌鸡枸杞煲

材料

乌鸡 300 克，水发百合 20 克，枸杞子 10 克，盐 3 克，葱末少许

做法

1. 将乌鸡洗净斩块汆水；水发百合洗净；枸杞子洗净备用。
2. 净锅上火倒入水，下入乌鸡、水发百合、枸杞子煲至成熟，调入盐，撒上葱末即可。

百合白果鸽子煲

材料

鸽子 1 只，水发百合 20 克，白果 10 颗，红椒圈、盐各少许，葱花 2 克

做法

1. 将鸽子宰杀洗干净，斩块汆水；水发百合洗净；白果洗净备用。
2. 净锅上火倒入水，放入葱花、鸽子、白果、水发百合煲至熟，加盐调味，撒上红椒圈即可。

板栗香菇鸡汤

材料

老母鸡 200 克，板栗肉 30 克，香菇 20 克，盐 5 克，枸杞子、葱末各少许

做法

1. 将老母鸡宰杀洗净，斩块汆水；香菇浸泡洗净，切片备用；板栗肉洗净。
2. 净锅上火倒入水，下入鸡肉、板栗肉、香菇、枸杞子，煲至熟，调入盐，撒上葱末即可。

黄豆焖鸡翅

材料

黄豆50克,水发海带50克,鸡翅4个,食用油、葱、姜末、盐、酱油、白糖各适量

做法

1. 黄豆、水发海带洗净加葱姜末煮熟,鸡翅用酱油、盐腌渍入味。
2. 炒锅加油,烧至八成热,放入腌好的鸡翅,翻炒至变色,再加入白糖、黄豆、水发海带及适量水,转小火一同焖至汁浓即成。

当归枸杞鸡块煲

材料

母鸡250克,白菜叶45克,枸杞子4克,当归3克,陈皮5克,盐适量

做法

1. 将母鸡洗净斩块氽水;白菜叶洗净撕成小块;枸杞子洗净备用。
2. 煲锅上火倒入水,放入枸杞子、当归、陈皮,下入鸡肉、白菜叶煲至熟,调入盐即可。

板栗乌鸡煲

材料

乌鸡200克,板栗150克,核桃仁10克,盐少许、味精、西蓝花、枸杞子、高汤各适量

做法

1. 将乌鸡宰杀洗干净,斩块氽水;板栗去壳洗净,枸杞子、西蓝花、核桃仁洗净备用。
2. 炒锅上火倒入高汤,下入乌鸡、枸杞子、核桃仁、板栗、西蓝花,煲至熟,调入盐、味精即可。

党参排骨汤

材料

猪排骨250克，羌活、独活、川芎、前胡、党参、
柴胡、茯苓、甘草、枳壳各2克，姜片3克，
盐3克

党参： 补中益气，健脾益肺

做法

1. 将除猪排骨、姜片、盐以外的材料放入锅中，加1200毫升水熬汁，熬至约剩600毫升，去渣取汁。
2. 猪排骨洗净斩件，氽烫，捞起冲净，与姜片一起放入炖锅，加入熬好的药汁，兑水至盖过材料，大火煮开，转小火炖1个小时，加盐调味即可。

小贴士

川芎能祛风止痛；茯苓可健脾宁心；甘草可清热解毒、缓急止痛；枳壳可理气宽中、行滞消胀。几味中药配伍，可加强健脾益气的功效，对哺乳期妈妈调养身体十分有利。

鸡肉平菇粉丝汤

材料

鸡肉 200 克，平菇 100 克，水发粉丝 50 克，高汤适量，盐 4 克，酱油、葱花各少许

做法

1. 将鸡肉清洗干净，切块；平菇清洗干净，切小片；水发粉丝清洗干净，切段备用。
2. 净锅上火倒入高汤，下入鸡肉烧开，去浮沫，下入平菇、水发粉丝，调入盐、酱油，煲至熟，撒上葱花即可。

小贴士

这道汤非常美味，有通乳、滋补的功效。平菇含有的多种维生素及矿物质，可以改善人体新陈代谢、增强体质。鸡肉是高蛋白、低脂肪的健康食品，含有多种维生素、钙、磷、锌、铁、镁等，适合乳汁少的哺乳期妈妈食用。

党参茯苓鸡汤

材料

鸡腿 1 只，党参 10 克，炒白术 5 克，茯苓 10 克，炙甘草 5 克，姜 1 小块，盐 3 克

做法

1. 将鸡腿洗净，剁成小块；党参、炒白术、茯苓、炙甘草洗净；姜洗净，切片。
2. 将鸡块加党参、炒白术、茯苓、炙甘草和盐腌渍 15 分钟。
3. 锅中加入适量水煮开，放入所有材料，小火煮 2 个小时即可。

小贴士

茯苓药性平和，具有利水渗湿的功效，与党参、白术、甘草配伍，有益于脾胃虚弱的哺乳期妈妈恢复，此汤具有健脾益胃、消痞除胀、燥湿止泻的功效。

党参煲乳鸽

材料

鸽子肉 300 克，党参 20 克，盐、姜各适量

做法

1. 鸽子肉处理干净，切成大块；党参洗净；姜去皮洗净，切片。
2. 将鸽子肉、党参、姜片放入锅中，加适量清水，大火煮沸后改小火煲 2 个小时。
3. 调入盐煮入味即可。

小贴士

　　党参性平，味甘，适宜体质虚弱、气血不足、面色姜黄等人群食用，和鸽肉一起煲汤，可以提高哺乳期妈妈的睡眠质量，益气补血，并增强抵抗力。

粉丝土鸡汤

材料

土鸡肉 300 克，粉丝 100 克，枸杞子 20 克，人参片 3 克，盐 3 克，食用油适量

做法

1. 土鸡肉处理干净，切块；粉丝用温水泡发备用；枸杞子洗净。
2. 油锅烧热，放入鸡块，加盐，炒至水干，加入清水、枸杞子、人参片烧开。
3. 小火炖至鸡块熟后，加入粉丝烧熟后，加盐调味即可。

小贴士

　　粉丝富含膳食纤维、蛋白质、烟酸和钙、镁、铁、钾、磷、钠等矿物质，与鸡肉煲汤食用，不但解腻，还可增强滋补作用，为哺乳期的妈妈补充营养。

豆腐老鸡汤

材料

老鸡肉 300 克，豆腐 100 克，盐 3 克，味精 1 克，胡椒粉 1 克，香油 5 毫升，葱 5 克，清汤 500 毫升

做法

1. 老鸡肉洗净切块；葱洗净切末；豆腐洗净，切块。
2. 锅内倒入清汤，放入鸡块烧至熟透。
3. 再放入豆腐用小火稍煮，调入盐、味精、胡椒粉入味，撒上葱末，淋上香油即可。

小贴士

豆腐为补益清热养生食品，常食可补中益气、清热润燥、生津止渴、清洁肠胃。与鸡肉煲成汤食用，适宜身体虚弱、营养不良、气血双亏及女性产后乳汁不足者食用。

番茄鸡蛋汤

材料

番茄 120 克，鸡蛋 2 个，酱油、香油各 5 毫升，姜片、葱花各 5 克，盐 3 克

做法

1. 番茄洗净，切成小瓣；鸡蛋打入碗中，加盐，用筷子沿顺时针方向搅拌均匀。
2. 煮锅上火，放入清水、姜片煮开，放入番茄再煮开，倒入鸡蛋液煮滚。
3. 放入盐、酱油、香油调味，盛碗，撒上葱花即可。

小贴士

鸡蛋含有丰富的蛋白质、脂肪、维生素和铁、钙、钾等人体所需要的矿物质，与番茄搭配成汤，具有美容养颜、清肠、滋阴的功效，有助于产妇恢复身形。

党参枸杞猪肝汤

材料

猪肝 200 克，党参 8 克，枸杞子 2 克，盐 3 克，西蓝花末少许

做法

1. 将猪肝洗净切片，氽水洗净；党参、枸杞子用温水洗净备用。
2. 净锅上火倒入水，下入猪肝、党参、枸杞子煲至熟，调入盐，撒上西蓝花末即可。

冬笋鸡肉煲

材料

鸡胸肉 200 克，冬笋 100 克，食用油 20 毫升，盐 3 克，青菜少许

做法

1. 将鸡胸肉洗净，切小块；冬笋洗净切块；青菜洗净，备用。
2. 净锅上火倒入食用油，下入鸡胸肉煸炒，下入冬笋稍炒，倒入水，煲至肉熟，调入盐即可。

口蘑鸡煲

材料

鸡肉 300 克，口蘑 50 克，盐 3 克，味精 2 克，姜片 3 克，枸杞子、葱丝、食用油各适量

做法

1. 将鸡肉洗干净，斩块氽水；口蘑洗净切片备用。
2. 锅上火倒入油，炝香姜片，下入鸡肉煸炒至断生，下入口蘑略炒，放入水、枸杞子煲至熟，调入盐、味精，撒上葱丝即可。

鸽子黄芪红枣煲

材料

鸽子250克，口蘑100克，红枣4颗，黄芪5克，盐3克，姜片2克，葱花适量

做法

1. 将鸽子洗净，剁成块余水；口蘑洗净切块，备用。
2. 煲锅上火倒入水，下入鸽子、口蘑、红枣、姜片、黄芪煲至熟，调入盐，撒上葱花即可。

枸杞黄芪草鱼汤

材料

草鱼肉300克，枸杞子8克，黄芪3克，盐3克，姜片2克，葱花适量

做法

1. 将草鱼肉处理干净斩块；枸杞子、黄芪用温水洗净备用。
2. 净锅上火倒入水，下入草鱼肉、枸杞子、姜片、黄芪煲至熟，调入盐，撒上葱花即可。

海底椰瘦肉汤

材料

水发海底椰100克，猪瘦肉75克，高汤适量，盐3克，白糖2克，姜片4克，红椒圈少许

做法

1. 水发海底椰洗净泡发、切片；猪瘦肉洗净切片。
2. 锅上火倒入高汤，下入水发海底椰、猪瘦肉片、姜片烧开，去浮沫，煲至熟，调入盐、白糖，撒红椒圈即可。

板栗烧鸡块

材料

鸡肉 200 克，板栗 150 克，盐、味精各 3 克，酱油、红油各 3 毫升，食用油适量

做法

1. 鸡肉处理干净，切成小块；板栗煮熟，去壳、皮毛，取肉备用。
2. 油锅烧热，下鸡肉煸炒至变色，加板栗肉翻炒至熟，再加少许水焖 5 分钟。
3. 加盐、味精、酱油、红油调味，盛盘即可。

小贴士

　　板栗含的营养物质很全面，有钾、镁、铁、锌、锰、钙、磷，以及胡萝卜素、B 族维生素等，是人体抗衰老、益气健脾的保健食品，建议哺乳期妈妈每天早上吃 2 颗板栗，可以起到均衡营养的作用。

鸽蛋扒海参

材料

水发海参、去壳熟鸽蛋、上海青各 80 克，盐、鸡汤、酱油、水淀粉、食用油各适量

做法

1. 水发海参、上海青均洗净，入盐开水中烫后捞出。
2. 油锅烧热，放入海参，加入鸡汤、酱油、盐，水淀粉勾芡后装盘。
3. 再热油锅，下入鸽蛋炸至呈金色，与上海青一起围放在海参周围即成。

小贴士

　　海参含有蛋白质、钙、钾、锌、铁、硒、锰等活性物质外，另含 18 种氨基酸，且不含胆固醇，具有补肾益精、养血润燥等功效。其修复功能也很强，可以促进伤口愈合，对哺乳期妈妈的调养十分有利。

冬笋鸭块

材料

鸭1只，冬笋100克，火腿肉25克，盐、姜、味精、食用油各适量

做法

1. 鸭处理干净，斩成小块。
2. 将冬笋剥壳洗净，切成长条块；火腿肉切成片；姜洗净剁成末。
3. 锅置火上，放入油烧热，将姜末炒出香味，投入鸭块翻炒，加入盐和冬笋块一同翻炒，再添入水和火腿肉片烧40分钟后撒入味精，即可出锅。

小贴士

　　冬笋质嫩味鲜，清脆爽口，含有蛋白质和多种氨基酸、维生素，以及钙、磷、铁等微量元素和丰富的膳食纤维，能促进哺乳期妈妈肠道蠕动，有助于消化。

红枣香菇炖鸡

材料

鸡肉300克，三七12克，香菇30克，红枣3颗，姜丝、蒜泥各少量，盐3克

做法

1. 将三七洗净；香菇洗净，用温水泡发。
2. 把鸡肉洗净，斩件；红枣洗净。
3. 将三七、香菇、鸡肉、红枣放入砂煲中，加入姜丝、蒜泥入煲内，注入适量水，小火慢炖，待鸡肉烂熟，加入盐调味即可。

小贴士

　　红枣为补养佳品，有养血安神的作用，常用于脾虚食少、乏力便溏等症。红枣中富含钙和铁，对防治骨质疏松、产后贫血有一定的作用。

红枣薏苡仁鸭胸汤

材料

鸭胸肉 125 克，薏苡仁 100 克，红枣 2 颗，清汤、枸杞子、白菜叶各适量，盐 3 克

做法

1. 将薏苡仁淘洗净；鸭胸肉洗净切片；红枣用开水浸泡；枸杞子、白菜叶洗净备用。
2. 净锅上火倒入清汤，下入鸭胸肉、薏苡仁、红枣、枸杞子烧沸。
3. 打去浮沫，再煲至熟，调入盐，放上白菜叶煮熟即可。

小贴士

　　薏苡仁性凉，味甘、淡，虽然和大米相似，但是薏苡仁更加容易被消化吸收，煮粥或汤均可以，适宜久病体虚或产后虚弱者食用。此外薏苡仁有利水除湿、健脾止泻的功效，有助于产妇调养身体。

海带节瓜鸭肉汤

材料

海带丝 75 克，节瓜 50 克，鸭胸肉 45 克，彩椒末、高汤各适量，盐 3 克

做法

1. 将海带丝洗净；节瓜、鸭胸肉处理干净，均切成丝备用。
2. 净锅上火倒入高汤，下入海带丝、节瓜、鸭胸肉大火煮沸，转小火煮 30 分钟。
3. 调入盐、彩椒末煲至熟即可。

小贴士

　　海带性寒味咸，含碘和碘化物，热量低，是一种营养价值很高的食物，具有降血脂、降血糖、降血压、调节免疫力、抗凝血、抗肿瘤、排铅解毒和抗氧化等功效，不仅可以防止人身体中钙的流失，还具有美容减肥的功效，有助于产妇恢复身形，但产妇不宜多食。

枸杞桂圆炖乳鸽

材料
乳鸽1只，桂圆肉100克，枸杞子20克，盐3克，姜1片

做法
1. 乳鸽宰杀洗净，去肠杂、脚，斩件；枸杞子、桂圆肉、姜均洗净。
2. 再将乳鸽块下入沸水稍烫后，捞出。
3. 把除盐外的材料放入炖盅内，加滚水适量，隔滚水小火炖1.5个小时，加盐调味即可。

小贴士
　　枸杞子性平，味甘，有促进免疫力、抗衰老、抗肿瘤、清除自由基、抗疲劳、抗辐射、保肝等作用，枸杞子与桂圆肉、乳鸽煲汤食用，滋补功效更佳。

板栗焖鸡

材料
鸡肉300克，板栗150克，食用油、盐、味精、淀粉、酱油、彩椒块各少许

做法
1. 鸡肉处理干净，切块，加酱油、淀粉腌渍片刻；板栗去皮，焯水后取出。
2. 油锅烧热，下鸡块炒至上色，放入彩椒块同炒片刻，加水烧开。
3. 放入板栗，盖盖同焖至与鸡块酥烂，收汁，调入盐、味精拌匀即可。

小贴士
　　板栗有健脾养胃、补肾强筋、活血止血和消肿强心的功效，与鸡肉搭配食用，适宜肾虚引起的腰膝酸软、腰腿不利、小便增多，脾胃虚寒引起的慢性腹泻，以及产后体虚等症。

鸡肉丸子汤

材料

鸡肉 150 克，玉米笋 50 克，豌豆 50 克，鸡蛋 1 个，葱、姜、盐、味精、高汤各适量

做法

1. 葱切末、姜切末；鸡肉先剁碎成泥，加鸡蛋、葱末、姜末、盐、味精制成丸子。
2. 玉米笋对半剖开，与豌豆一起过沸水；丸子下锅煮至熟。
3. 加入玉米笋、豌豆于锅中，倒高汤煮至入味即可。

小贴士

玉米笋含有丰富的维生素、蛋白质、矿物质，营养丰富，并具有独特的清香，口感甜脆、鲜嫩可口，能提高产妇的免疫力并促进其肠胃蠕动。

上汤娃娃菜

材料

娃娃菜 350 克，皮蛋 1 个，香菇 50 克，枸杞子 20 克，盐、蒜、香菜、食用油各少许

做法

1. 娃娃菜洗净；皮蛋去壳，切丁；香菇洗净切块；枸杞子、香菜洗净。
2. 锅中倒油烧热，加入蒜爆香，先后入香菇和娃娃菜煸炒至变色，加入适量高汤，放入枸杞子和皮蛋，烧开。
3. 加入盐调味，起锅后撒上香菜即可。

小贴士

娃娃菜性凉，味甘，富含维生素 A、B 族维生素、维生素 C、钾、硒等营养素，能清除体内毒素和多余的水分，促进新陈代谢，有利尿、消肿的作用，产妇适当食用有利于恢复身形。

鲫鱼蒸蛋

材料
鲫鱼 300 克，鸡蛋 2 个，盐、姜片、葱段、食用油、葱花、红椒末各适量

做法
1. 鲫鱼处理干净，入碗，抹上盐，将姜片、葱段塞入鱼肚里，淋上油，加入少许温水，放入微波炉，加热 3 分钟后取出。
2. 鸡蛋磕入碗中，加入温水以及盐搅匀。
3. 将蛋液倒入盛有鱼的碗中，撒上葱花、红椒末，淋上油，入锅蒸 8 分钟即可。

小贴士
　　鲫鱼蛋白质含量很高，并含有大量的钙、磷、铁等矿物质，肉质细嫩，肉味甜美，营养价值很高，有和中补虚、除湿利水、补虚温胃、补中益气的功效，产妇食用还有通乳的功效。

家常红烧肉

材料
五花肉 300 克，蒜苗 50 克，盐、酱油、红椒段、姜片、味精各少许

做法
1. 五花肉洗净，切方块；蒜苗洗净切段。
2. 将五花肉块放入锅中煸炒出油，加入酱油、红椒段、姜片和适量清水煮开。
3. 盛入砂锅中炖 2 个小时收汁，放入蒜苗段，加盐、味精调味即可。

小贴士
　　蒜苗中所含的蒜素、蒜新素，对抑制体内多种细菌有很好的作用，蒜苗所含的膳食纤维，可刺激胃肠蠕动，防止便秘。不过，此菜微辣，哺乳期妈妈不可贪食，以免导致宝宝上火。

鸡块百合红枣汤

材料

口蘑 100 克，百合 50 克，鸡腿肉 75 克，红枣 4 颗，胡萝卜条、香菜末、盐各适量

做法

1. 将百合洗净；口蘑用清水浸泡去杂质；鸡腿肉洗净斩块氽水；红枣洗净，对切备用。
2. 汤锅上火倒入水，下入百合、口蘑、红枣、鸡腿肉、胡萝卜条煲至熟，调入盐，撒上香菜末即可。

小贴士

　　百合含有淀粉、蛋白质、脂肪及钙、磷、铁、维生素 B_1、维生素 B_2、维生素 C 等营养素，还含有多种生物碱，这些成分不仅对产妇有良好的营养滋补功效，而且还对秋季气候干燥而引起的多种季节性疾病有一定的防治作用。

多菌菇鸡汤

材料

多菌菇（袋装）200 克，鸡肉 100 克，食用油、酱油、葱花、盐各适量，香油 3 毫升

做法

1. 将多菌菇洗净；鸡肉洗净切片备用。
2. 净锅上火倒入油，将葱花爆香，下入鸡肉片煸炒，烹入酱油，下入多菌菇翻炒，倒入水煮至熟。
3. 调入盐，淋入香油即可。

小贴士

　　鸡肉蛋白质的含量比例较高，还含有维生素 C、维生素 E 等，口感醇厚，消化率高，很容易被人体吸收利用，可增强体力、强壮身体，对产妇有益气补血的作用。

首乌当归鸡汤

材料

何首乌 5 克，当归 10 克，鸡腿 1 只，红枣、盐各适量

做法

1. 鸡腿剁块，放入沸水中汆烫，捞起洗净。
2. 鸡腿肉盛入煲内，放入何首乌、当归、红枣。
3. 加适量清水以大火煮开，转小火慢炖 30 分钟，熄火前加盐调味即可。

小贴士

　　何首乌性微温，味苦、甘、涩，可以防止动脉硬化，提高产妇的身体造血能力，促进身体新陈代谢的作用，其与鸡腿、当归煲汤食用，还能抗衰老、养血滋阴、润肠通便，有辅助治疗头晕目眩、心悸失眠的功效。

西洋菜鸡丝汤

材料

西洋菜 120 克，鸡脯肉 80 克，胡萝卜 30 克，清汤适量，盐 3 克，鸡精 2 克

做法

1. 将西洋菜洗净；鸡脯肉洗净切丝；胡萝卜去皮洗净切丝。
2. 炒锅上火倒入清汤，下入鸡脯肉、胡萝卜丝、西洋菜，煲至熟，调入盐、鸡精即可。

小贴士

　　西洋菜性寒，味甘、微苦，含有丰富的维生素 A、维生素 C、维生素 D，具有清燥润肺、化痰止咳、利尿等功效。与鸡肉搭配煲汤，可增加产妇乳汁营养，有利于宝宝身体发育。

黑豆牛蒡鸡汤

材料

鸡腿1只，黑豆、牛蒡各100克，盐3克

做法

1. 黑豆淘净，以清水浸泡30分钟；牛蒡削皮，洗净，切块。
2. 鸡腿洗净剁块，汆烫后捞出，备用。
3. 黑豆、牛蒡先下锅，加适量清水煮沸，转小火炖15分钟，再下鸡腿续炖20分钟；待肉熟烂，加盐调味即成。

红枣桂圆炖鸡

材料

鸡肉100克，桂圆肉50克，红枣30克，葱花3克，姜片3克，盐少许，白糖5克，高汤适量

做法

1. 将鸡肉洗净切块汆水；桂圆肉、红枣洗净备用。
2. 汤锅上火倒入高汤，加入姜片、鸡块、桂圆肉、红枣大火煮沸后，转小火炖1个小时，调入盐、白糖煮沸，撒上葱花即可。

草菇炒虾仁

材料

虾仁200克，草菇150克，胡萝卜30克，盐、水淀粉、食用油各适量

做法

1. 虾仁洗净用少许盐腌10分钟；草菇洗净对切，汆烫；胡萝卜去皮洗净切片。
2. 油烧至七成热，放入虾仁过油，待其变红时捞出，余油倒出。另炒胡萝卜片和草菇，再将虾仁回锅，加入剩余盐炒匀，用水淀粉勾芡后盛出即可。

红枣鸡汤

材料

红枣 5 颗，净鸡肉 250 克，核桃仁 10 克，盐少许

做法

1. 将红枣、核桃仁用清水洗净；鸡肉洗净，切成小块。
2. 将砂锅洗净，加适量清水，置于火上，放入核桃仁、红枣、鸡肉，大火烧开后，去浮沫，改用小火炖约 1 个小时，放入盐调味即可。

红薯鸡肉汤

材料

红薯 250 克，洋葱半颗，鸡腿 1 只，食用油 10 毫升，盐 3 克，高汤适量

做法

1. 红薯去皮洗净切成块；洋葱洗净切薄片；鸡腿洗净切成块，加盐 1 克腌一下。
2. 起锅，加油炒香洋葱，再下鸡腿炒熟，加入红薯炒几下，倒入高汤、水，煮至水分减半，加剩余盐调味即可。

胡萝卜排骨汤

材料

猪排骨 350 克，胡萝卜 60 克，盐 3 克，姜片 6 克，香菜梗少许

做法

1. 将猪排骨洗净、剁块、氽水；胡萝卜去皮、洗净切条备用。
2. 汤锅上火倒入水，下入猪排骨、胡萝卜、姜片煲至熟，调入盐，撒上香菜梗即可。

黑豆浆南瓜球

材料

黑豆 200 克，南瓜 50 克，白糖 10 克

黑豆： 益精明目，养血祛风

做法

1. 黑豆洗净，用水泡 8 个小时，放入搅拌机中加清水搅打，再倒入锅中煮沸，滤取汤汁，即成黑豆浆；南瓜削皮，洗净，用挖球器挖成圆球，放入沸水中煮熟，捞起沥干。
2. 将南瓜球、黑豆浆装入杯中，加白糖调味即可。

小贴士

　　黑豆含有较多的钙、磷、铁等矿物质，胡萝卜素以及多种维生素等人体所需的各种营养素，能够调中下气、滋阴补肾、补血安神、利水消肿、活血美肤等作用。这道菜不仅美味营养，还能调理哺乳期妈妈的体质。

山药芝麻羹

材料

小米 70 克，山药 30 克，黑芝麻 10 克，盐 2 克，葱 8 克

做法

1. 小米洗净泡发；山药洗净，切丁；黑芝麻洗净；葱洗净，切花。
2. 锅中水烧开，放入小米、山药煮开。
3. 加入黑芝麻同煮至浓稠状，调入盐拌匀，撒上葱花即可。

小贴士

　　山药具有止泻、助消化、敛虚汗、强筋骨等功效，对脾虚腹泻、肺虚咳嗽、消化不良性肠炎等有很好的食疗效果。此外，山药中还含有淀粉酶和多酚氧化酶等物质，能促进脾胃消化吸收功能，适合哺乳期胃口不佳的妈妈。

木瓜芝麻羹

材料

大米 80 克，木瓜 20 克，熟黑芝麻少许，盐 2 克，葱少许

做法

1. 大米洗净泡发；木瓜去皮洗净，切小块；葱洗净，切花。
2. 锅置火上，注入水，加入大米，煮至熟后，加入木瓜同煮。
3. 用小火煮至呈浓稠状时，调入盐，撒上葱花、熟黑芝麻即可。

小贴士

　　芝麻含有大量的脂肪和蛋白质、糖类、维生素、卵磷脂等营养成分，其中所含的维生素E，有抗氧化作用，能防止过氧化脂质对皮肤的危害，抵抗或中和细胞内有害物质游离基的积聚，哺乳期妈妈经常食用，可美容养颜。

枸杞鹌鹑粥

材料

大米 80 克，鹌鹑肉 80 克，枸杞子 10 克，酱油 5 毫升，葱花、姜丝、盐各 3 克，食用油适量

做法

1. 枸杞子洗净；大米淘净；鹌鹑肉处理干净剁块，用酱油腌渍。
2. 油锅烧热，放鹌鹑肉过油捞出。锅中注水，下大米烧沸，再下入鹌鹑、姜丝、枸杞子后转中火熬煮片刻，再转小火熬煮成粥，加入盐调味，撒上葱花即可。

小贴士

　　鹌鹑性平味甘，含有丰富的蛋白质，且其含较少的脂肪，所以对人体十分有益，具有利水消肿、益中补气、强壮筋骨的功效，对产后贫血、气虚等症有一定的缓解作用。

鲈鱼西蓝花粥

材料

大米 80 克，鲈鱼肉 50 克，西蓝花 20 克，盐、葱花、姜末、枸杞子、香油各适量

做法

1. 大米洗净；鲈鱼肉处理干净切块；西蓝花洗净掰成块。
2. 锅置火上，注入清水，放入大米煮至五成熟。
3. 放入鱼肉、西蓝花、姜末、枸杞子煮至米粒开花，加盐、香油调匀，撒上葱花即可。

小贴士

　　鲈鱼富含蛋白质、脂肪、维生素、钙、镁、锌、硒等微量元素，还含有较多的铜元素，有滋补肝肾、补中益气的功效。对于哺乳期妈妈来说，鲈鱼不仅可以补充大量营养素，也不用担心营养过剩所导致的肥胖。

平菇虾皮鸡丝汤

材料

鸡胸肉 200 克，平菇 45 克，虾皮 5 克，高汤适量，盐、葱花各少许

做法

1. 将鸡胸肉清洗干净，切丝氽烫；平菇清洗干净，撕成条；虾皮清洗干净，稍泡备用。
2. 净锅上火倒入高汤，下入鸡胸肉、平菇、虾皮烧开，调入盐煮至全熟，撒上葱花即可食用。

小贴士

　　这道菜是产妇的补钙餐，能预防产妇腰酸背痛、下肢痉挛、牙齿松动、骨质疏松等症。虾皮中含有丰富的蛋白质和矿物质，是缺钙者补钙的较佳途径，不仅适合产妇补钙，同时还有助于母乳喂养的婴儿补钙，促进其骨骼和牙齿发育。

莴笋猪蹄汤

材料

猪蹄 200 克，莴笋 100 克，胡萝卜 30 克，盐、姜片、葱花、高汤各适量

做法

1. 猪蹄洗净斩块，氽烫；莴笋去皮，清洗干净，切块；胡萝卜清洗干净，切块备用。
2. 锅上火倒入高汤，放入猪蹄、莴笋、胡萝卜、姜片，调入盐，煲 50 分钟。
3. 待汤好肉熟时，撒上葱花即可。

小贴士

　　莴笋含钾量较高，有利于促进排尿和乳汁的分泌。它含有的少量碘元素，对人体的基础代谢、心智和体格发育，甚至情绪调节都有重大作用。猪蹄富含多种营养素，是通乳的佳品。

鸡蛋胡萝卜小米粥

材料

小米100克，鸡蛋1个，胡萝卜20克，盐3克，香油、葱花各少许

做法

1. 小米洗净；胡萝卜洗净后切丁；鸡蛋煮熟后切碎。
2. 锅置火上，注入清水，放入小米、胡萝卜煮至八成熟。
3. 下鸡蛋煮至米粒开花，加盐、香油，撒葱花即可。

小贴士

　　胡萝卜富含蔗糖、葡萄糖、淀粉、胡萝卜素以及钾、钙、磷等，能够益肝明目，促进肠胃蠕动。与鸡蛋、小米合煮成粥，有益于产妇和宝宝的身体健康。

木瓜炖雪蛤

材料

木瓜1个，雪蛤150克，西蓝花100克，盐4克

做法

1. 在木瓜1/3处切开，挖去籽，洗净。
2. 西蓝花清洗干净后，切成小朵，放入沸水中焯水后捞出摆盘。
3. 将雪蛤装入木瓜内，上火蒸30分钟至熟，调入盐拌匀即可。

小贴士

　　木瓜有舒筋活络、和胃化湿、清热祛风之功效；雪蛤有润五脏、养肺阴、补肾精之功效。这道菜非常适合产后体虚的妈妈食用，而且对于产后的不良情绪还有预防及改善作用。

母鸡小米粥

材料

母鸡肉 150 克，小米 80 克，姜丝 10 克，葱花少许，盐 3 克，食用油适量

做法

1. 母鸡肉洗净，切块；小米淘净，泡 30 分钟。
2. 油锅烧热，爆香姜丝，放入腌好的鸡肉过油，捞出备用。锅中加适量清水烧开，下入小米，大火煮沸，转中火熬煮。
3. 小火将粥熬出香味，再下入母鸡肉煲 5 分钟，加盐调味，撒上葱花即可。

小贴士

　　小米性凉，味甘、咸，含蛋白质、脂肪、胡萝卜素、铁等营养物质，具有健脾和胃、补虚益损、和中益肾、除热解毒等功效，是产妇调养佳选。

玉米大米羹

材料

玉米粒 80 克，车前子适量，大米 80 克，盐 2 克

做法

1. 玉米粒和大米一起泡发，再洗净；车前子洗净，研成粉末，备用。
2. 锅置火上，加入玉米粒和大米，再倒入适量清水烧开。
3. 入车前子同煮至呈糊状，加盐调味拌匀。

小贴士

　　车前子性寒，味甘、淡，具有清热利尿、降低产褥期妈妈的胆固醇的作用。玉米富含蛋白质、脂肪、膳食纤维、谷氨酸、亚油酸、维生素等有益物质，有促进大脑发育、促进胃肠消化的功效。

胡萝卜炒蛋

材料

鸡蛋 2 个，胡萝卜 100 克，食用油、盐各适量

做法

1. 胡萝卜洗净后削皮，切成细末备用；鸡蛋打匀，备用。
2. 食用油入锅烧热后，下胡萝卜加盐炒 1 分钟盛出。
3. 倒入蛋液，至半凝固时转小火，加入胡萝卜，用筷子快速搅动至全熟即可。

胡萝卜炒茭白

材料

胡萝卜、茭白各 100 克，大葱 15 克，酱油 5 毫升，盐 3 克，鸡精 1 克，食用油适量

做法

1. 胡萝卜、茭白洗净均焯水，捞出切丝；大葱洗净切斜段。
2. 锅倒油烧热，倒入茭白、胡萝卜、大葱一起翻炒。
3. 调入盐、酱油、鸡精炒至入味即可。

胡萝卜蛋羹

材料

胡萝卜 100 克，鸡蛋 2 个，盐 3 克，淀粉少许，味精 2 克，鸡汤 500 毫升

做法

1. 胡萝卜去皮洗净，用搅拌机搅拌成泥状；鸡蛋取蛋清。
2. 胡萝卜泥入锅中，加鸡汤，调入盐、味精，煮开用淀粉勾芡，盛出。
3. 蛋清倒入锅中用小火打芡成浆状，取出倒入在萝卜羹上，打成太极形状即可。

翡翠虾仁

材料

豌豆 200 克，虾仁 100 克，滑子菇 20 克，盐 3 克，淀粉 5 克、食用油适量

做法

1. 虾仁洗净；豌豆和滑子菇洗净沥干；淀粉加水拌匀。
2. 锅中倒油烧热，下入豌豆炒熟，再倒入滑子菇和虾仁翻炒。
3. 炒熟后加盐调味，倒入水淀粉勾一层薄芡即可。

黄花菜炒瘦肉

材料

黄花菜 200 克，猪瘦肉 100 克，淀粉 5 克，盐、味精各 3 克，食用油、红椒各少许

做法

1. 黄花菜洗净；猪瘦肉洗净切成丝，用淀粉腌渍片刻；红椒洗净切段。
2. 锅中加水烧开，下入黄花菜焯烫后捞出。
3. 锅置火上，加油烧热，下入红椒段、瘦肉丝、黄花菜翻炒均匀，再放入盐、味精炒至入味即可。

鸡汁白萝卜片

材料

白萝卜 200 克，盐 3 克，红椒 3 克，葱 3 克，鸡汤适量

做法

1. 白萝卜去皮洗净，块厚片；红椒去蒂洗净，切末；葱洗净，切花。
2. 锅烧热，倒入鸡汤，放入白萝卜，加盐，盖上锅盖，炖煮至熟，装盘，撒上红椒末、葱花即可。

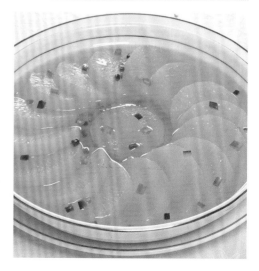

鸭架豆腐汤

材料

烤鸭架 100 克，豆腐、白菜各 100 克，葱段、清汤、盐、味精、食用油各适量

做法

1. 烤鸭架砍成块；白菜择洗净切段；豆腐洗净切片。
2. 炒锅倒油烧至七成热，下入鸭架煸炒片刻，倒入清汤烧开，移入瓦煲内，炖煮 10 分钟，下入豆腐片、白菜煮熟后加入盐、味精调味，出锅，撒上葱段即可。

小贴士

　　这道菜中白菜和鸭架搭配是合理的荤素搭配，既有鸭架的香味，又在白菜高纤维的帮助下使鸭肉更加健康，而豆腐含有蛋白质和脂肪，和白菜搭配，味道鲜美，还可为哺乳期妈妈提供多种营养。

当归党参母鸡汤

材料

母鸡肉 250 克，当归、党参各 6 克，盐 3 克，姜片 3 克，青菜、彩椒丝各少许

做法

1. 将母鸡宰杀洗净斩块氽水；青菜、当归、党参洗净。
2. 净锅上火倒入水，下入母鸡、当归、党参、姜片煲至熟，调入盐，撒上青菜、彩椒丝即可。

小贴士

　　鸡肉含有丰富的维生素 C、维生素 E 及蛋白质等营养成分，而且消化率高，有增强体力、强壮身体的作用，非常适宜体质虚弱、病后或产后体虚者食用。

人参炖土鸡

材料

土鸡 1 只，人参 5 克，枸杞子 10 克，红枣 5 颗，姜 5 克，盐 3 克，鸡精 2 克，香油少许

鸡肉： 补精填髓，温中益气

做法

1. 土鸡处理干净剁块，备用；人参洗净；姜洗净切片；红枣洗净泡发。
2. 锅上火，放入适量清水，加入盐、鸡精、姜片，待水沸后放入整只鸡汆烫，去除血水。
3. 捞出转入砂钵，放入人参、红枣一起煲 1 个小时，淋上香油即可。

小贴士

　　土鸡比普通的鸡，肉质更加具有口感，滋补作用更强，土鸡肉含有对人体发育有重要作用的磷脂类，是哺乳期妈妈膳食结构中脂肪和磷脂的重要来源之一。

土豆煲老鸭

材料

老鸭 300 克，土豆 100 克，红椒圈、葱花、盐、酱油各少许

做法

1. 将老鸭洗净斩块汆水；土豆去皮，洗净切块备用。
2. 净锅上火倒入水，下入老鸭、土豆大火煮沸后，转小火煲 1 个小时。
3. 调入酱油、盐，撒上红椒圈、葱花即可。

小贴士

　　土豆含有丰富的膳食纤维，可促进胃肠蠕动、润肠通便。土豆还富含 B 族维生素及优质淀粉，可以起到抗衰老及降低血压的作用。土豆与老鸭煲成汤可以为人体提供大量的热量，非常适合哺乳期妈妈食用。

莲子煨老鸭

材料

老鸭 1 只，莲子 30 克，茶树菇 50 克，枸杞子 5 克，盐 3 克，味精 2 克

做法

1. 老鸭处理干净，砍成大块；莲子泡发，去除莲心；茶树菇泡发，剪去老根；枸杞子洗净。
2. 将老鸭汆去血水，捞出备用。
3. 砂锅中加适量水，下入老鸭、莲子、茶树菇、枸杞子煲 45 分钟至熟烂时，加盐、味精调味即可。

小贴士

　　莲子性平，味甘，含有丰富的蛋白质、脂肪、钙、磷、钾等物质，能促进骨骼生长，促进凝血、镇静神经，还有补脾止泻、养心安神的功效，可有效地提高哺乳期妈妈的睡眠质量。

芋头鸭煲

材料

鸭肉 200 克，芋头 100 克，盐 3 克，味精 1
克，食用油适量

做法

1. 鸭肉洗净，入沸水中汆去血水后，捞出切
   成长块；芋头去皮洗净，切块。
2. 锅内注油烧热，下鸭块稍翻炒至变色后，
   注入适量清水，并加入芋头块焖煮。
3. 待熟后，加盐、味精调味，起锅装入煲中
   即可。

小贴士

   芋头富含蛋白质、多种维生素和无机盐，
与鸭肉煲成汤食用，不仅能增强哺乳期妈妈的
食欲，还能够使其皮肤润泽，同时提高免疫力。

薏苡仁煲鸡

材料

鸡肉 200 克，薏苡仁 100 克，葱、姜各 5 克，
盐 3 克

做法

1. 将鸡肉砍成块；薏苡仁洗净泡发；姜切片；
   葱切花。
2. 将鸡肉块下入沸水中汆去血水。
3. 再将薏苡仁加入鸡肉块中煮 1 个小时，放
   入姜片煮沸，调入盐即可。

小贴士

   薏苡仁的营养价值很高，被誉为"世界禾
本科植物之王"，对于久病体虚、病后恢复期
患者及产妇是比较好的药用食物，可经常食用。

凉拌玉米南瓜子

材料

玉米粒 100 克，南瓜子 50 克，枸杞子 10 克，香油、盐各适量

做法

1. 先将玉米粒洗干净，沥干水；再将南瓜子、枸杞子洗干净。
2. 将玉米粒、南瓜子、枸杞子一起放入沸水中焯熟，捞出，沥干水后，加入香油、盐拌匀即可。

小贴士

　　这道菜具有良好的滋养、通乳的作用，同时还能预防产后水肿。南瓜子富含脂肪、蛋白质、B 族维生素、维生素 C 以及亚油酸等，经常吃南瓜子，可有效降低血糖。

清蒸咸水鹅

材料

鹅肉 400 克，姜 1 块，葱 2 根，盐、鸡精、胡萝卜片、西蓝花各适量

做法

1. 将鹅肉洗净后剁成块状；姜洗净切片；葱洗净切花；胡萝卜片、西蓝花均洗净焯熟，摆盘。
2. 锅中加入沸水，下入鹅肉块汆烫后捞起滤除血水，再装入碗中加入盐、鸡精腌渍约 1 个小时，上锅蒸至熟烂后取出，扣入盘中即可。

小贴士

　　鹅肉富含人体必需的多种氨基酸、蛋白质、多种维生素、烟酸、糖类、微量元素等，对人体健康十分有利，具有补虚益气、暖胃生津的功效，还可有效改善哺乳期妈妈食欲不振。

手撕三黄鸡

材料

三黄鸡 300 克，生菜 50 克，盐、酱油、葱末、姜末、食用油各适量

做法

1. 生菜洗净烫熟，入盘垫底；鸡肉处理干净，用酱油涂匀，入热油中炸，捞出。
2. 油锅烧热，爆香葱、姜，焦黄时捞出，加入盐、清水烧开，放入三黄鸡煮 20 分钟，取出放凉。
3. 将肉撕下，去骨后撕条，排在生菜上即可。

小贴士

　　三黄鸡富含蛋白质、氨基酸、磷、铁、铜、锌、维生素 A、维生素 B_6、维生素 B_{12}、维生素 D、维生素 K 等，可用于补血养身，非常适宜产妇食用。

香椿炒蛋

材料

香椿 200 克，鸡蛋 2 个，盐 3 克，味精 2 克，食用油适量

做法

1. 香椿洗净，切成小段。
2. 鸡蛋打散，搅匀。
3. 锅中加油烧热，下入鸡蛋炒熟后，再下入香椿稍炒，下入盐和味精，炒匀即可。

小贴士

　　香椿含有蛋白质、脂肪、钾、钙、镁、磷、B 族维生素、维生素 C、胡萝卜素、铁等元素，具有健脾开胃、祛风除湿、止血利气、消火解毒、润肤明目的功效。与鸡蛋同食，可有效帮助产妇调养身体。

南瓜粉蒸肉

材料

五花肉 200 克，南瓜半个，蒸肉粉、葱花、彩椒末、酱油、甜面酱、白糖各适量

做法

1. 五花肉洗净，切片；将除葱花、彩椒、粉蒸肉外的所有调味料加凉开水调匀，放入五花肉腌渍 30 分钟；南瓜洗净，去瓤切瓣。
2. 蒸肉粉拌入五花肉中，然后将五花肉放入南瓜内，入锅蒸 30 分钟取出，撒上葱花、彩椒末即可。

小贴士

　　五花肉含有丰富的蛋白质及脂肪、钙、磷、铁等成分，具有补虚强身、滋阴润燥、丰泽肌肤的作用，还能改善病后体弱、产后血虚、面黄羸瘦的情况，配合南瓜的甜蜜软糯，是一道既营养又美味的菜品。

南瓜蒸滑鸡

材料

鸡肉、南瓜各 150 克，盐、味精各 3 克，酱油、葱花、彩椒丁、食用油各适量

做法

1. 鸡肉洗净，切块，加盐、味精、酱油腌渍 15 分钟；南瓜洗净，去皮，切成菱形块。
2. 油锅烧热，入鸡肉煸炒，下盐、味精、酱油调味。
3. 南瓜盛盘，上面放上鸡肉，撒上葱花、彩椒丁，再上笼蒸熟即可。

小贴士

　　南瓜的膳食纤维含量很高，常食有帮助消化、防止便秘的功能。鸡肉中蛋白质含量高，且易被人体吸收利用，有增强体力、强壮身体的作用。南瓜和鸡肉搭配食用，有助于增强产妇的免疫功能，提高抗病能力。

花菇炒莴笋

材料

莴笋2根，水发花菇、胡萝卜各20克，味精、蚝油、盐、清汤、水淀粉、食用油各适量

做法

1. 莴笋、胡萝卜均去皮洗净，切成滚刀块；花菇清洗干净。
2. 油锅烧热，放莴笋、花菇、胡萝卜煸炒。
3. 锅中加清汤、盐、味精、蚝油，煮沸，用水淀粉勾薄芡即可。

小贴士

　　这道菜可以预防产后妈妈便秘。莴笋含有大量膳食纤维，能促进肠道蠕动，通利大便，可用于辅助治疗各种便秘。花菇富含蛋白质、氨基酸、粗纤维和维生素 B_1、维生素 B_2、维生素 C、钙、磷、铁等。其蛋白质中有白蛋白、谷蛋白等，具有调节人体新陈代谢、帮助消化、降低血压、防治佝偻病等作用。

糯香鸡中翅

材料

鸡中翅250克，糯米100克，盐3克，葱花8克，彩椒粒15克，香菜少许

做法

1. 鸡中翅洗净，加盐腌渍，摆入笼中；糯米洗净，泡至发胀；香菜洗净。
2. 将糯米铺在鸡中翅上，撒上彩椒粒，入锅蒸熟后取出。
3. 撒上葱花、香菜即可。

小贴士

　　糯米性平味甘，含有丰富的蛋白质、脂肪、糖类、钙、磷、铁、B族维生素，有温补脾胃、补脑益智、护发养目、活血行气、延年益寿的作用，与鸡翅搭配滋补效果更佳。

松子仁蒸白萝卜丸

材料

白萝卜300克，松子仁50克，彩椒3克，盐、淀粉、酱油、醋、食用油各适量

做法

1. 白萝卜去皮洗净，剁蓉；彩椒去蒂洗净，切丝。
2. 将淀粉加适量清水、盐和成糊状，放入剁好的白萝卜，充分搅拌，做成丸子入蒸锅蒸熟后取出摆盘。
3. 锅下油烧热，放入松子仁、彩椒滑炒，熟后盛在丸子上，用酱油、醋调味淋在丸子上即可。

小贴士

松子仁中富含蛋白质、不饱和脂肪酸和矿物质等，具有润五脏、抗衰老、润皮肤的功效，与白萝卜搭配有利于产妇瘦身美体。

蛤蜊蒸鸡蛋

材料

蛤蜊200克，鸡蛋3个，盐3克，香油、彩椒末、葱花各适量

做法

1. 用刀把蛤蜊口分开，洗净；鸡蛋磕入碗中，搅打成蛋液。
2. 蛤蜊摆入碗中；鸡蛋加水、盐拌匀，倒入装有蛤蜊的碗中。
3. 再滴少许香油，撒上葱花、彩椒末，放入锅中蒸15分钟即可。

小贴士

蛤蜊含有人体必需的氨基酸、蛋白质、脂肪、钙、铁以及维生素等成分，不仅鲜嫩美味、营养丰富，而且具有很高的食疗药用价值，还可以调养产后妈妈的体虚状况。

姜块煲鸡块

材料

嫩鸡肉 300 克，姜 50 克，香菜少许，盐 3 克，味精 1 克，醋 8 毫升，酱油 10 毫升，食用油适量

做法

1. 鸡肉洗净，切块；姜洗净，切块；香菜洗净，切段。
2. 油锅烧热，下姜块炒香，入鸡肉翻炒至变色时注水焖煮，加入盐、醋、酱油煮至熟，加入味精调味，撒上香菜即可。

小贴士

鸡肉肉质细嫩柔滑，皮脆骨软，味道鲜美，营养丰富，是产妇滋补的首选。姜含有脂肪、蛋白质、膳食纤维、胡萝卜素等营养成分，对哺乳期妈妈消化系统和呼吸系统都十分有益，还兼具抗氧化的作用。

西蜀蛋黄玉米

材料

鸡蛋 2 个，玉米粒 150 克，彩椒 8 克，盐 3 克，酱油 10 毫升，食用油适量

做法

1. 鸡蛋打入碗中，取出蛋黄，搅匀；彩椒洗净，切丁。
2. 玉米粒洗净，入水焯一下，均匀沾上鸡蛋液待用。
3. 油锅烧热，下彩椒炒香，下玉米粒炒至表面呈金黄色，加盐、酱油调味即可。

小贴士

玉米含有大量的蛋白质、脂肪、膳食纤维、维生素，是营养学家所称的"黄金美食"，适合每个年龄段的人群食用，尤其是产妇。其所含 B 族维生素，能够调理神经系统，起到养心安神的作用。

虾仁鸡蛋卷

材料

鸡蛋 3 个，虾仁 25 克，生菜适量，葱 10 克，酱油 10 毫升，盐 3 克

做法

1. 鸡蛋打入碗中，加盐、酱油调匀，入油锅中煎至金黄色，捞出。
2. 虾仁处理干净，掐去头尾；葱洗净，切段；生菜洗净烫熟，垫盘底。
3. 将虾仁、葱调匀，包入鸡蛋皮中，卷成卷，切成小块，入蒸笼蒸熟，切成小块装盘即可。

小贴士

　　虾仁营养丰富，肉质松软，易于消化，对身体虚弱以及产后需要调养的人来说是极好的食物，还具有补肾壮阳、通乳抗毒、养血固精的功效。

百合猪蹄汤

材料

水发百合 125 克，芹菜 100 克，猪蹄 175 克，清汤适量，盐、葱、姜、红枣各 5 克

做法

1. 将水发百合清洗干净；芹菜择洗干净切段；猪蹄清洗干净斩块备用。
2. 净锅上火倒入清汤，调入盐，下入葱、姜、猪蹄、红枣烧开，捞去浮沫，再下入水发百合、芹菜煲至熟即可。

小贴士

　　猪蹄有补血养颜的作用。芹菜是高纤维食物，有防治产期便秘的作用。百合含有多种营养成分，有润肺、清心、安神的功效。这道汤味道鲜美，能增加产妇的食欲，有养心润肺、通乳催乳的作用。

清炖鸡汤

材料

鸡肉 350 克，口蘑 80 克，枸杞子 10 克，姜 10 克，盐 3 克，味精 1 克，香油 5 毫升

做法

1. 将鸡肉洗净后剁成大块；口蘑去蒂洗净；姜切片备用。
2. 锅中水煮沸后，下入鸡块氽烫后捞出。
3. 锅中烧水，放入香油、姜片煮沸后下入鸡块、口蘑炖煮 2 个小时，再放入枸杞子煮 10 分钟，调入盐、味精即可。

小贴士

　口蘑的鲜味，配合鸡肉烹饪，可提高汤的鲜味，是非常健康的食物，可提高哺乳期妈妈的免疫力。

玉米煲土鸡

材料

玉米 1 根，土鸡 1 只，姜 5 克，盐 3 克

做法

1. 鸡洗净斩件；玉米洗净切段；姜去皮洗净切片。
2. 锅中注水烧开，放入土鸡氽烫，捞出沥干水分。
3. 煲中注水，放入土鸡、玉米、姜片，大火煲开，转用小火煲 1 个小时，调入盐煲至入味即可。

小贴士

　玉米富含的亚油酸、钙质，能够降压调脂，其所含的膳食纤维则是很好的"刮肠食物"，有利于产妇保持肠道健康。

毛家红烧肉

材料

五花肉　300 克，彩椒 10 克，糖色 15 克，豆瓣酱 5 克，蒜 5 克，盐 3 克，味精 1 克，食用油适量

做法

1. 五花肉洗净，切成小方块；彩椒洗净，切大块；蒜去皮洗净。
2. 锅中加油烧至六成热，下入五花肉，炸出肉内的油，将油盛出，留五花肉在锅里。
3. 锅里放入糖色、豆瓣酱、蒜、彩椒块炖 1 个小时，再加盐、味精调味即可。

小贴士

　　毛家红烧肉色泽金黄油亮，肥而不腻，十分美味，非常适宜作为哺乳期妈妈补充营养的膳食之选。

筒筒笋烧土鸡

材料

土鸡 300 克，干筒筒笋 80 克，盐 3 克，酱油、红油、葱花、食用油各适量

做法

1. 土鸡处理干净，剁块；干筒筒笋泡发，洗净，切成小段。
2. 油锅烧热，下鸡肉炒熟，再入干筒筒笋炒片刻。
3. 加入水烧开，调入盐、酱油拌匀，淋入红油，撒上葱花即可。

小贴士

　　干筒筒笋含有一定量的植物蛋白、丰富的膳食纤维、维生素和氨基酸，具有利九窍、通血脉、化痰涎、消食胀的功效，其有高蛋白、低脂肪、多纤维、少淀粉的特点，非常利于产妇的消化吸收。

油菜红枣炖鸭

材料

鸭肉 300 克，油菜 250 克，红枣 6 颗，葱、姜各 10 克，盐、食用油各适量

做法

1. 将鸭肉处理干净，剁块，汆水，去血水后捞出；姜洗净，切片；油菜和红枣洗净备用。
2. 锅中加油烧热，爆香姜片，加入鸭块翻炒熟后，加适量清水和红枣、油菜炖煮 2 个小时。
3. 待熟后，加盐调味即可。

小贴士

　　油菜性凉，味甘，能行滞活血，消肿解毒，其含有丰富的膳食纤维，可以减少油脂的吸收，促进肠道蠕动，与鸭肉煲汤可增强哺乳期妈妈的免疫力。

黑米粥

材料

黑米 100 克，白糖 20 克

做法

1. 将黑米清洗干净，浸泡一夜备用。
2. 锅中倒入水，放入黑米，大火煮 40 分钟。
3. 转用小火煮 15 分钟，调入白糖即可食用。

小贴士

　　黑米含蛋白质、脂肪、B 族维生素、维生素 E 等多种营养成分，营养丰富，具有清除自由基、改善缺铁性贫血、抗应激反应以及调节免疫功能等多种生理功能。多食黑米具有补肾益精之功效，对于产后虚弱，以及贫血、肾虚等女性均有很好的滋补作用。对哺乳期妈妈来说，常食此粥，不仅有助于补血及预防贫血，还有利于婴儿的健康成长。

浓汤竹笋

材料

竹笋 300 克，彩椒 30 克，荷兰豆 50 克，肉松 5 克，盐 3 克，鸡汤 600 毫升

做法

1. 竹笋去笋衣，洗净切片；荷兰豆择好洗净；彩椒洗净切条。
2. 锅中倒入鸡汤烧热，下入竹笋煮熟，再加入荷兰豆和彩椒一同煮熟。
3. 下盐调好味，出锅装碗，放上肉松即可。

小贴士

　　竹笋具有高蛋白、低淀粉的特点，适宜肥胖症、冠心病、高血压、糖尿病和动脉硬化患者食用。与荷兰豆、鸡汤搭配食用，有助于哺乳期妈妈的身体调养。

上汤黄花菜

材料

黄花菜 300 克，盐 3 克，鸡精 3 克，上汤 200 毫升

做法

1. 将黄花菜洗净，沥水。
2. 锅置火上，烧沸上汤，下入黄花菜煮熟，调入盐、鸡精，装盘即可。

小贴士

　　黄花菜性平，味甘，有健胃、通乳、补血、消食、明目、安神等功效，适用于吐血、大便带血、小便不通、失眠、乳汁不下等症，可作为病后或产后的调补品，尤其适宜哺乳期乳汁分泌不足者。